Astrid Wasmann

Methodenvielfalt im Biologieunterricht

mit Praxisbeispielen

© 2025 Astrid Wasmann

Verlag: BoD · Books on Demand GmbH, Überseering 33, 22297 Hamburg, bod@bod.de

Druck: Libri Plureos GmbH, Friedensallee 273, 22763 Hamburg

ISBN: 978-3-7693-1962-0

Inhaltsverzeichnis

Einleitung

In diesem Buch wird eine Methodensammlung für den Biologieunterricht vorgestellt und gleich mit zahlreichen Beispielen hinterlegt. Will man einen spannenden, lernfördernden Biologieunterricht machen, ist es wichtig, ein breites Methodenspektrum zu kennen. Bei der Vorbereitung auf den Unterricht tauchen viele Fragen auf: Wie kann ich Schüler und Schülerinnen zum Lernen aktivieren? Wie kann ich den unterschiedlichen Lernvoraussetzungen der Schülerinnen und Schüler Rechnung tragen? Welche Formen des Übens und Sicherns bieten sich für die Lerngruppe an? Welche Sozialformen eignen sich, um bestimmte biologische Fragestellungen zu bearbeiten? Methoden sind wichtig für die Abwechslung beim Lernen. Sie können immer neu motivieren. Schülerinnen und Schüler sprechen auf unterschiedliche Unterrichtsmethoden an. Damit das Lernen für alle interessant bleibt, ist ein Mix verschiedener Methoden sinnvoll. Noch wichtiger ist aber die richtige Methode passend zum Lerninhalt zu finden, denn eine adäquate Methode unterstützt den Erwerb von neuem Wissen und geht damit über die reine Motivation hinaus. Während lehrerzentrierter Unterricht an alle Lernenden die gleichen Anforderungen stellt, bieten die hier vorgestellten Methoden Raum für Binnendifferenzierung und individualisiertes Lernen.

Bei der Auswahl sollte man eine Methode nicht nur um ihrer selbst willen wählen, sondern die Unterrichtsmethode, mit der am besten ein Thema verarbeitet werden kann. Also für eine Frage an die Natur ist das Experimentieren geeignet. An Modellen können sonst nicht wahrnehmbare Eigenschaften veranschaulicht werden. Will man Bewertungskompetenz vermitteln, muss man nicht die Methode Vergleichen einsetzen, sondern lieber ein Gruppenpuzzle oder ein Fishbowl. Für die Vermittlung von Artenkenntnis ist die

Erkenntnismethode Beobachten geeignet und für das Ordnen von Tieren und Pflanzen bildet die Methode des Vergleichens die Basis. Also aus einem breiten Methodenrepertoire sollte man verschiedene auswählen können, und zwar genau die Methode, die am besten zu einem bestimmten Inhalt passt, denn es gibt zahlreiche Wechselwirkungen zwischen Inhalten und Methodik.

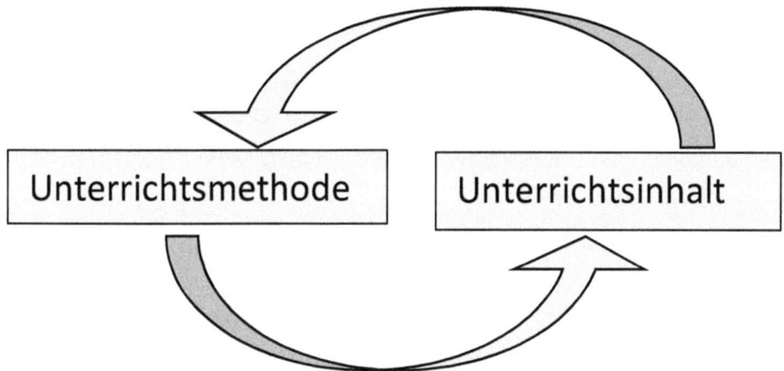

Bei der Auswahl der Methoden orientiert man sich an dem Ziel, die verschiedenen unterrichtlichen Herausforderungen so gut wie möglich abzudecken und die allgemeinen Methoden speziell auf die Biologie anzuwenden. Zuerst bespreche ich die **Erkenntnismethoden**:

- Beobachten
- Untersuchen
- Experimentieren
- Vergleichen
- Modellieren.

Dies sind die Methoden, mit denen in der Forschung neue Erkenntnisse gewonnen werden. Ohne diese Methoden gäbe es wohl die meisten biologischen Erkenntnisse nicht. Der Biologieunterricht umfasst sowohl die Inhalte als auch die Denk- und Arbeitsweisen der Naturwissenschaften. Um die

Erkenntnismethoden wirklich als Teil der Biologie abzubilden, ist ihre Vermittlung explizit in den Nationalen Bildungsstandards als Kompetenzbereich Erkenntnisgewinn neben Fachwissen und Bewertungskompetenz verankert. Sie sind als Kompetenzziele in Form von Bildungsstandards im Curriculum verankert und so überprüfbar. Insofern ist ein grundlegendes Ziel des Biologieunterrichts, dass Schülerinnen und Schüler Kompetenzen im Experimentieren und in den anderen Erkenntnismethoden erwerben, um Fachinhalte selbstständig aufzubauen und lebenslang naturwissenschaftlich lernen und denken zu können. Der Erwerb von Kompetenzen naturwissenschaftlicher Erkenntnisgewinnung ist ein zentrales Bildungsziel des naturwissenschaftlichen Unterrichts, einschließlich der Biologie.

Im nächsten Abschnitt folgt eine Auswahl allgemeiner **Unterrichtsmethoden**, die in jedem Schulfach eingesetzt werden. An ihnen zeige ich auf, wie sie im Biologieunterricht lernwirksam eingesetzt werden können. Das sind:

- Gruppenarbeit
- Gruppenpuzzle
- Graf-Iz
- Concept Map
- Mindmapping
- Mystery
- Fishbowl

Diese Methoden haben in allen Unterrichtsfächern ihren Platz. Ich habe hier Beispiele für ihren Einsatz im Biologieunterricht zusammengestellt, sozusagen aus der Praxis für die Praxis. So können die Lernenden mit einem Gruppenpuzzle große Informationsmengen, die zum Beispiel als Basis für eine Diskussion etwa über den Klimawandel notwendig sind, verarbeiten. Die

Methode Graf-Iz dient dazu ein Thema übersichtlich zu strukturieren und zu präsentieren. Eine Concept Map sollte eingesetzt werden, um Zusammenhangswissen eines komplexen Themas zu visualisieren. Und ein Mystery, also ein rätselhafter Fall, regt Schüler und Schülerinnen an, auf die Suche nach der Wahrheit und nach Zusammenhängen zu gehen.

Das letzte Kapitel ist den **Großformen des Unterrichtens** gewidmet. Dabei geht es nicht nur um Unterrichtsöffnung in Bezug auf selbstgesteuertes Lernen, sondern auch um das Öffnen der Schule hin zu außerschulischen Lernorten. Schließlich wird digitales Lernen dargestellt, das das Unterrichten grundlegend verändert und in vielfältiger Weise eingesetzt werden kann. So kann es zum Homeschooling, in Freiarbeitsphasen, für Lerntheken oder für individualisiertes Lernen genutzt werden. Auch das individualisierte Üben durch interaktive Lernmaterialien wird durch digitale Medien ermöglicht:

- Lernen an Stationen
- Lernen in Projekten
- Lernen an außerschulischen Orten
- Digitales Lernen
- Individualisiertes Lernen

Diese Unterrichtsformen können auf einer fortlaufenden Skala von lehrerzentriertem hin zum offenem Unterricht eingeordnet werden, hier in einer Grafik dargestellt:

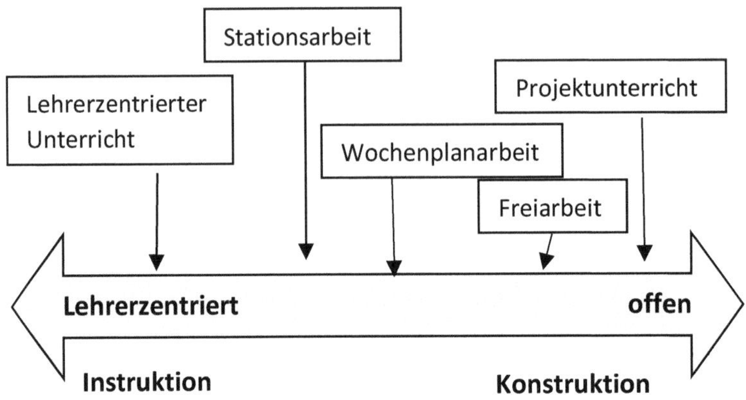

Skala von Instruktion und Konstruktion

Instruktion ist ein anderes Wort für lehrerzentrierten Unterricht. Der Begriff meint die vom Lehrer ausgehende Steuerung und Strukturierung des Unterrichts. Auf der anderen Seite der Skala steht die Konstruktion. Darunter verstehen wir, dass Schüler und Schülerinnen selbst aktiv werden und neue Inhalte selbstständig erarbeiten. Nach Auffassung des Konstruktivismus bedeutet Lernen, dass jeder selbst Wissen konstruiert und es im eigenen Begriffsnetz verankert.

Lernen an Stationen ist der erste Schritt der Unterrichtsöffnung. Es ermöglicht selbstverantwortliches Lernen. Wochenplanarbeit öffnet zu weiterer Selbstständigkeit. Dabei üben Schüler und Schülerinnen insbesondere Zeitmanagement. Auch hier müssen bestimmte Themen meist mit Hilfe von Arbeitsblättern bearbeitet werden. In der Freiarbeit gibt es vorgegebene Zeiträume, in denen Schüler und Schülerinnen selbstständig an einem Thema lernen. Projektunterricht steht am Ende der Unterrichtsöffnung. In Projekten wird selbstgesteuert gearbeitet. Das geht einen Schritt über eigenverantwortliches Lernen hinaus. Schüler und

Schülerinnen müssen sich die Zeit in Freiarbeitsphasen und im Projektunterricht gut einteilen.

Für die immer häufiger an Schulen eingerichteten Freiarbeitszeiten ist das digitale Lernmaterial besonders geeignet. Damit verbunden ist eine immer stärkere Individualisierung des Lernens, was sich im Homeschooling, im Distanzlernen und ebenso im interaktiven Üben zeigt. Digitales Lernen eröffnet Unabhängigkeit vom Klassenraum. Schüler und Schülerinnen können zeit- und ortsunabhängig üben.

Ich habe zahlreiche Hinweise auf Praxisbeispiele einfließen lassen. Diese Praxisbeispiele befinden sich auf der Plattform Eduki (eduki.com)

Gutes Gelingen!

Erkenntnismethode – Beobachten

Beobachten ist neben Experimentieren und Vergleichen die wichtigste Methode zur Erkenntnisgewinnung in der Biologie. Zudem spielt sowohl beim Experimentieren als auch beim Vergleichen das Beobachten eine zentrale Rolle.

Betrachten. Die einfachste Arbeitsweise in der Biologie ist das Betrachten. Damit wird das Erscheinungsbild eines Naturobjekts erfasst, und zwar in Ruhe ohne Bewegung. Das Betrachten findet häufig in unteren Klassenstufen statt, etwa beim Bearbeiten des Skeletts oder eines Tiermodells wie beispielsweise das eines Karpfens. Schülerinnen und Schüler verarbeiten beim Betrachten bewusst Form, Aufbau und Zustand verschiedener Pflanzenorgane sowie verschiedener Pflanzenfamilien und Tiergruppen. Für das Bestimmen von Pflanzen und Tieren ist diese Erkenntnismethode die Basis.

Beobachten. Das Beobachten ist schon eine komplexere Arbeitsweise. Es umfasst Wahrnehmungen sowohl statischer als auch bewegter biologischer Objekte und geht damit über das reine Betrachten hinaus, denn auch Bewegungen werden erfasst. In den Naturwissenschaften versteht man darunter eine systematische Vorgehensweise, die die Wahrnehmung zeitlicher und räumlicher Veränderungen von Abläufen und Handlungen umfasst. Dabei kommen verschiedene Techniken zum Tragen: Betrachten, Beschreiben, Sammeln, Ordnen, Vergleichen und Messen. So kann zum Beispiel ein Auftrag darin bestehen, lebende Tiere zu beobachten. Dabei kommt es darauf an, dass mit dem Beobachtungsauftrag auch Kriterien genannt werden, nach denen beobachtet werden soll. Bei der Tierbeobachtung im Zoo steht deshalb als Anweisung nicht nur *„Beobachte ein Tier.“*, sondern eine große Zahl an Aspekten, unter denen die Schüler und Schülerinnen beobachten sollen, strukturiert die Beobachtungsprozesse der Schüler. Jeder Beobachtung liegt also ein Kriterium zu Grunde, nach dem entschieden wird, was beobachtet werden soll und was nicht, also ob die Schülerinnen und Schüler unter dem Kriterium Körpergröße, Ohren, Zähne, Beine oder doch Bewegungen beobachten sollen. Es ist sinnvoll, die Beobachtungen schriftlich festzuhalten. Dabei können auch eine Zeichnung oder ein Foto der Beobachtung angefertigt werden. Ein Beispiel für eine Bleistiftzeichnung betrifft den Zersetzungsvorgang, der von Sechstklässlern beobachtet werden sollte. Für diesen Versuchsansatz wurden Blätter und ein Filtrierpapier auf dunkle Erde gelegt. Die Schülergruppe, die dies angesetzt hat, protokollierte die Veränderungen 14 Tage lang. Auch eine Zeichnung kann ein Protokoll sein. Also zeichneten sie und, wie ich finde, ist es ihnen gelungen, die Entwicklung zeichnerisch darzustellen. Sie haben auch Daten dazu notiert, etwa wann das Filtrierpapier und das Blatt ganz verschwunden waren. Sie markierten es, indem sie ein Kreuz durch die Objekte machten und ein Datum dazu schrieben.

Zeichnung zu Versuchsbeginn

Zeichnung nach 14 Tagen

Gerade jüngere Schüler und Schülerinnen neigen dazu Beobachtung und Deutung zu vermengen. In Experimenten wird zunächst beobachtet, und zwar ganz ohne Werturteile. Danach erfolgt die Deutung. Im Biologieunterricht sollte großer Wert auf die Trennung der beiden Phasen gelegt werden.

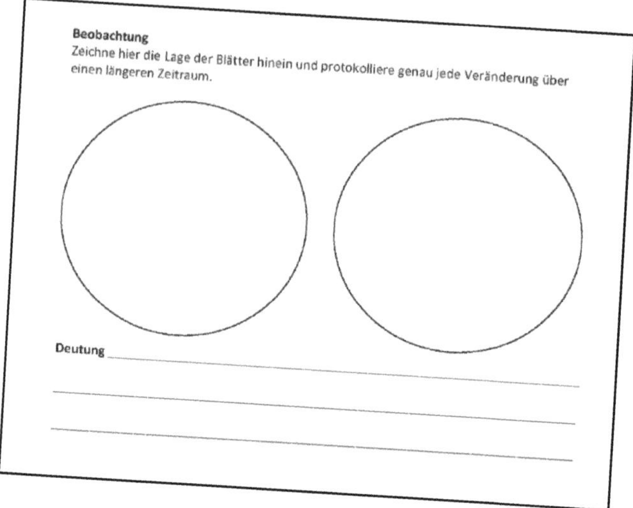

Daher lautete mein Arbeitsauftrag: *Zeichne hier die Lage der Blätter hinein und protokoliere genau jede Veränderung über einen längeren Zeitraum.* Die vorgegebenen Kreise entsprechen den Petrischalen und dienen dazu, dass Schüler nicht irgendwie protokollieren, sondern dem Objekt angemessen.

Beobachtungen an lebenden Tieren motivieren Schülerinnen und Schüler in höchstem Maße. Jüngere Schüler und Schülerinnen überschlagen sich dabei in ihrem Eifer. Tierbeobachtungen sind aber kein Selbstgänger, denn es muss einiges beachtet werden. Man darf nicht mehr viele Tierarten zur Beobachtung freigeben, beispielsweise stehen alle Amphibien unter Naturschutz, alle Säuger und die meisten Wirbeltiere dürfen ebenfalls dem Schulstress nicht mehr ausgesetzt werden. Fischbeobachtungen im Aquarium sind noch möglich. Selbst die Rote Waldameise darf nicht mit in den Klassenraum genommen werden, da sie unter Naturschutz steht, es sei denn, die Naturschutzbehörde hat eine besondere Erlaubnis erteilt. Ich empfehle einen Unterrichtsgang nach draußen, um Insekten zu beobachten. Lässt man Schülerinnen und Schüler an bestimmten Pflanzen Insekten beobachten, erfassen sie gleich noch den Zusammenhang von artspezifischer Nutzung eines Habitats. Für ein solch gezieltes Beobachten ist eine hinführende Anleitung notwendig.

Beobachtung mit technischen Hilfsmitteln. Insekten sind wegen ihrer geringen Größe nicht leicht zu beobachten. Dafür ist der Einsatz einer Lupe notwendig. Dieses alte Biologen-Werkzeug wird in der Freilandbiologie immer zusammen mit Schnappdeckelgläsern mitgeführt. So können auch Blüten genau bestimmt werden oder etwa, wie die Behaarung an Stängeln und Blättern angeordnet ist. Auch das fasziniert Schülerinnen und Schüler und fördert genaues Hinschauen.

Für weitere Details kommt ein **Binokular** (= Stereolupe) in Frage. Es hat im Gegensatz zum Mikroskop zwei Okulare. Damit können auch jüngere Schülerinnen und Schüler umgehen, denn sie sehen dort die Naturobjekte dreidimensional. So erkennen Schüler und Schülerinnen die Sechseckigkeit der Facettenaugen, die Behaarung von Insektenbeinen oder die Öffnungen der Tracheen, die Stigmen. Ich habe für den Biologieunterricht regelmäßig tote Insekten gesammelt und sie mit in den Unterricht genommen. Sie stellen ein gutes Lernobjekt dar, um den Umgang von Beobachtungstools zu lernen, eine Beobachtungsschulung zu erhalten und Insekten selbstgesteuert kennenzulernen. Dabei stellt man fest, dass der Einsatz des Binokulars für den Biologieunterricht sehr motivierend ist.

Der Übergang zum **Mikroskop** ist dagegen schon schwieriger, denn es eröffnet sehr kleine Dimensionen, die zweidimensional zu sehen sind. Im Zentrum des Mikroskopierens steht die Zellebene. Zellen und Gewebe sind jüngeren Schülern und Schülerinnen fremd, da ihre Größe außerhalb des Auflösungsvermögens unserer Augen liegt. Folglich fällt es ihnen schwer, die Räumlichkeit der Zellen zu erkennen. Sie müssen sich dreidimensional vorstellen, was sie zweidimensional sehen, und das in einer für sie fremden Mikrowelt. Zudem sind die Präparate oft ziemlich farblos. Um dennoch gute Ergebnisse zu erzielen, sind zusätzliche Methoden wie Schneiden, Kontrastieren und Färben erforderlich. Lippenblütler eignen sich wegen ihrer Festigkeit besonders zum Schneiden. Es werden mehrere Schnitte angefertigt und auf einen Wassertropfen gelegt. Mit einem Deckgläschen darauf kann der Stängelquerschnitt mikroskopiert werden. Eine einfache Färbemethode besteht darin, das Objekt mit Methylenblau zu beträufeln. Das dient dem kontrastreichen Mikroskopieren. Beide Techniken ermöglichen das Sichtbarmachen von kleinsten Strukturen. Lässt man Schülerinnen und Schüler häufiger mikroskopieren, erwerben sie zunehmend Sicherheit im Umgang mit dem Mikroskop und den damit verbundenen Techniken. Die Beobachtung am Mikroskop wird am besten durch eine Bleistiftzeichnung festgehalten. Damit werden Schüler und Schülerinnen zum genauen Hinsehen angehalten. Nicht nur die Beobachtung statischer Zellen ist in der Schule möglich, sondern auch Vorgänge wie Plasmolyse können am Mikroskop in vivo beobachtet werden.

Leider wird in der Mittelstufe viel zu selten mikroskopiert. Oft benutzen Schüler und Schülerinnen genau einmal ein Mikroskop in der Mittelstufe, und zwar um eine Zwiebelhaut anzusehen. Dann passiert lange nichts und beim nächsten Mikroskopieren Jahre später haben sie die Handhabung schon wieder vergessen. Man sollte auch in der Mittelstufe möglichst häufig das Mikroskop nutzen. Es gibt genug Anlässe, beispielsweise Schweineblut, Lebergewebe, Pollen oder Torfmoos, Plasmolyse oder auch die Bodenstruktur, Pflanzenhaare und Stängel im Querschnitt. Durch die Beobachtung eines mikroskopischen Ausschnitts des Torfmooses beispielsweise verstehen Schülerinnen und Schüler besser, warum Hochmoor immer nass ist. Das liegt daran, dass die zarten Torfmoosblättchen in Chlorophyll tragende Zellen und Wasserleitungszellen aufgeteilt sind. Letztere nehmen ständig und automatisch Wasser kapillar auf.

Kompetenzerwerb im Beobachten. Zunächst findet Beobachtung eher zufällig und beiläufig statt. Der Beobachtungsvorgang ist kurz und ungenau. Unsystematisches Beobachten erfolgt interessengeleitet. Anfangs gehen Beobachtung und Deutung noch durcheinander und werden weniger planmäßig eingesetzt.

Kompetenzerwerb im Beobachten bedeutet, dass es ein planvoller, aktiver Erkenntnisprozess wird. Die Beobachtung steht unter einer biologischen Fragestellung und man folgt einem Beobachtungsplan. Schüler und Schülerinnen lernen zwischen Beobachtung und Deutung zu unterscheiden. Zudem müssen sie zwischen relevanten und unwichtigen Merkmalen differenzieren. Die Beobachtungen werden in einem Protokoll oder als Skizze festgehalten. Richtiges Beobachten stellt eine wichtige Teilkompetenz für das Experimentieren dar.

Erkenntnismethode - Untersuchen

Untersuchen ist das Beobachten unter Zuhilfenahme von Hilfsmitteln. Dabei greift der Lernende zielgerichtet in ein Objekt oder einen Naturvorgang ein und zerlegt beispielsweise das Objekt, um die inneren Zusammenhänge zu erforschen. Dies trifft auf biologische Objekte wie Blüten, Wurzeln, Stängel oder tote Insekten zu. Das Ziel des Untersuchens besteht darin, Strukturen und Zusammen-hänge zu erkennen. Für eine Untersuchung benutzt man meist Hilfsmittel wie Lupe, Mikroskop und Pinzette, aber auch Teststäbchen und Reagenzien zum Beispiel für Gewässer- und Bodenuntersuchungen.

Einfache Untersuchungen können Lernende an Blütenpflanzen vornehmen. Man erteilt den Auftrag: *„Zerlege eine Blüte in seine Bestandteile und zähle, wieviel von jedem Teil vorhanden sind"* (Kelchblätter, Kronblätter, Staubblätter und Fruchtblätter). Man kann als Ergebnis einer Blütenuntersuchung ein Legebild erstellen lassen. Die Anleitung ist in *Die Blüte* auf der Plattform Eduki (eduki #245403) zu finden.

Auch **Früchte und Samen** lassen sich gut im Biologieunterricht untersuchen. Schüler und Schülerinnen entdecken dabei den inneren Aufbau. Schneidet man einen 24 Stunden in Wasser eingelegten Bohnensamen auf, erhält man zwei nährstoffreiche Bohnensamenhälften und eine kleine Keimwurzel wird sichtbar. So finden sie zum Beispiel heraus, dass im Bohnensamen schon der Keimling angelegt ist und wenn sie den Samen mit Lugol'scher Lösung beträufeln, erkennen sie, dass der hauptsächliche Nährstoff im Samen Stärke ist.

Ein Untersuchungsklassiker in der Zoologie ist das Zerlegen eines Rinderauges. Damit kann der äußere und innere Aufbau erkundet werden. Eine schriftliche Arbeitsanleitung ist für eine so aufwendige Untersuchung notwendig, für die auch allerhand Laborwerkzeuge erforderlich sind: Pinzette, Präpariernadel, Wachsbecken, Laborschere, Skalpell, Petrischale und Lupe werden für diese Untersuchung benutzt. Das Erlernen dieser Arbeitstechniken führt zu eigenständigem Kenntniserwerb. Schüler und Schülerinnen müssen dazu angehalten werden, den Präparier-Anweisungen zu folgen und sorgfältig zu arbeiten, damit etwa die Linse des Rinderauges herauskommt. Dass sie tatsächlich vergrößert, beeindruckt die Lernenden sehr. Außerdem erfahren sie haptisch, wie fest die Lederhaut tatsächlich ist und dass der glibberige Glaskörper auch leicht vergrößert.

Statt den inneren Aufbau von Fischen an den schematischen Abbildungen im Schulbuch zu lernen, kann der innere Aufbau der Organe im Original untersucht werden. Einen **Fisch** zu präparieren, ist für Schüler und Schülerinnen immer ein Erlebnis. Meist findet die Untersuchung in der 6. Klassenstufe statt. Dabei sollte der Lehrer oder die Lehrerin Wert auf einen geordneten Ablauf des Sezierens legen. Sonst schneiden die Lernenden wild im Naturobjekt herum. Man kann eine Forelle leicht auf dem Wochenmarkt besorgen ebenso wie die weit verbreiteten Heringe. Letztere dürfen allerdings wegen des häufigen Vorkommens von Fadenwürmern im Darmbereich nur noch ausgenommen verkauft werden. Daher ist diese Fischart nicht mehr empfehlenswert. So bin ich von der Präparation von Heringen auf die von Forellen umgestiegen. Ein wichtiges inneres Organ ist die Schwimmblase. Sie muss vorsichtig freigelegt werden. Schließlich liegt sie tief im Inneren eines Fischs. Man kann die Schwimmblase einer Forelle herauspräparieren und genau untersuchen. Eine Schülergruppe schaffte es einmal, sie mit Hilfe einer Pipette mit Luft zu füllen und diese wieder zu entfernen. Das wiederholten sie und stellten dabei fest, dass das Füllen der Schwimmblase mit Luft reversibel ist. Und so konnten sie sich vorstellen, wie auf Grund der Volumenveränderung der Schwimmblase Fische in unterschiedlichen Wassertiefen schweben können. Auch das Freilegen der Kiemen ist lohnenswert. Legt man die Kiemen frei, können die Schülerinnen und Schüler den komplexen Aufbau der Kiemen studieren. Haptisch erfassen sie den Unterschied von Kiemenbogen und Kiemenblättchen. Legt man die Kiemen anschließend in Wasser, erfahren sie, wie die Kiemenblättchen im Wasser schweben, während sie an der Luft zusammenkleben. Diese Erfahrungen verdeutlichen den Schülern und Schülerinnen den Zusammenhang von Struktur und Funktion der Kiemen.

Zusammenfassend kann man sagen, dass das Untersuchen eine Erkenntnismethode ist, durch die in der Forschung viel Wissen über Morphologie und Anatomie von Lebewesen gewonnen wurde. Sie ist aber als explizite Erkenntnismethode im Biologieunterricht etwas in Vergessenheit geraten.

Kompetenzerwerb. Für das Untersuchen in der Biologie müssen mehrere Arbeitsweisen erlernt werden, so beispielsweise Präparieren, Sezieren, Schneiden, Zerlegen und Ähnliches. Für die Untersuchung eines Naturobjekts sollten Schüler und Schülerinnen diese Fähigkeiten erwerben, was nicht in jeder Lerngruppe einfach ist. Die Lernenden erweitern ihre Kompetenzen, indem sie genau nach Anweisung die erforderliche Arbeitsweise anwenden und sorgfältig vorgehen. So werden sie in die Lage versetzt, die

Anatomie eines Naturobjekts kennenzulernen und den Zusammenhang von Struktur und Funktion zu verstehen.

Erkenntnismethode – Experimentieren

Das Schüler-Experiment ist eine bedeutsame didaktische Methode und zugleich auch ein Teil der Naturwissenschaften. Das Experimentieren gehört als zentrale naturwissenschaftliche Erkenntnismethode zu den Naturwissenschaften wie die Kehrseite einer Medaille. Ohne Experimente wären viele naturwissenschaftliche Phänomene nicht erfasst und nicht aufgeklärt worden. Schüler und Schülerinnen sollen deshalb in der Lage sein, diese zu verstehen, kritisch zu analysieren und zu hinterfragen. Was macht ein Experiment aus? Wie wird es umgesetzt und welche Kompetenzen können damit erworben werden?

Ablauf eines Experiments. Bei einem Experiment wird eine Erscheinung, die man näher untersuchen möchte, unter kontrollierten Bedingungen beobachtet und ausgewertet. Es muss wiederholbar sein, damit daraus eine allgemeingültige Aussage abgeleitet werden kann. Man beginnt ein Experiment mit einer Fragestellung und stellt sozusagen eine Frage an die Natur. Damit setzt es sich vom unsystematischen Versuch ab, bei dem irgendwie ausprobiert wird. Auf die Frage wird in der Regel eine Vermutung aufgestellt (Hypothesenbildung). Darauf folgt die Durchführung des Experiments. Für das Ergebnis ist eine genaue Beobachtung erforderlich, die Beobachtung wird gedeutet oder ausgewertet. Die Vermutung kann bestätigt oder falsifiziert werden. Im Folgenden wird ein typisches Ablaufschema dargestellt:

Bei unserem Versuchsbeispiel wird das Problem vorgegeben, dass manche Böden schnell austrocknen, andere aber nicht. Dieses Problem ist im Alltag situiert. Im folgenden ist das Ablaufschema für die Wasserhaltefähigkeit von Böden noch einmal dargestellt:

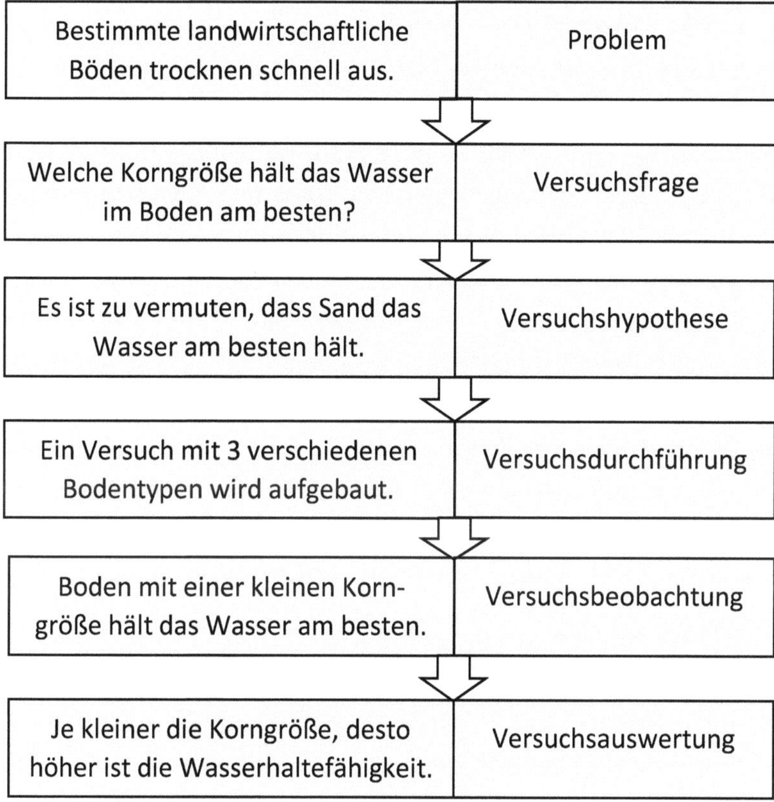

Versuch: Wasserhaltefähigkeit von Boden

Dazu wird von Schülern und Schülerinnen die Hypothese aufgestellt: *Sand hält das Wasser am besten.* Diese Aussage gilt es zu überprüfen. Dazu werden verschiedene Bodentypen mit einem Versuchsaufbau auf ihre Wasserhaltefähigkeit überprüft. Die Beobachtungen, wie schnell das Wasser verschwindet oder einsickert, wird in einem Protokoll festgehalten. Daraus werden Schlussfolgerungen gezogen und am Ende kann die Hypothese überprüft werden. Die Vermutung, dass Sand das Wasser am besten hält, stimmt nicht. Die aufgestellte Hypothese wird deshalb verworfen. Neue Hypothesen können für weitere Experimente generiert werden. Ein solcher Verlauf eines Experiments sollte immer strikt eingehalten werden. Sonst degradiert das Experimentieren zu Versuch und Irrtum. Achten Sie darauf, immer Vermutungen formulieren zu lassen. Damit verhindert man wildes Herumprobieren und baut einen Spannungsbogen von der Versuchsfrage über die Hypothese bis zur Deutung auf. Arbeitsblatt *Versuchsprotokoll* mit der Reihenfolge *Versuchsfrage, Versuchshypothese, Versuchsdurchführung, Versuchs- beobachtungen und Versuchsdeutung* enthält immer den Punkt Vermutungen (*Versuchshypothese*). So gewöhnen sich Schüler und Schülerinnen von Anfang an an die Aufstellung von Hypothesen. Wichtig ist am Ende eine Methodenkritik wie *„Haben wir unsere Vermutungen richtig begründet?"* oder *„War der Versuchsaufbau der richtige für die Fragestellung?"* oder *„Welche Fehlerquellen waren vorhanden?"* oder *„Haben wir unsere Messungen richtig abgelesen?"*

Arten von Experimenten. Experimente können im Biologieunterricht von der Lehrkraft ausgeführte Demonstrationsexperimente oder Schülerexperimente sein. Ein klassischer Demonstrationsversuch ist beispielsweise der Sauerstoffnachweis der Gase, die bei der Fotosynthese der Wasserpest über 3 Tage gesammelt werden. Dieser Versuch muss gut vorbereitet werden und bedeutet auch für die Lehrkraft einige Geschicklichkeit.

In der methodisch-didaktischen Vorbereitung entscheidet der Lehrer oder die Lehrerin, ob ein bestimmter Versuch als

Demonstrations- oder als Schülerexperiment eingeplant wird. Ich würde nur Demonstrationsversuche einsetzen, die komplex sind oder die eine beeindruckende Wirkung auf die kognitive Aktivierung der Schüler und Schülerinnen haben oder vielleicht zu gefährlich für die Hand der Schüler sind. So ein Versuch ist die Gasentwicklung durch die Fotosynthese. Ein anderer kurzer Versuch ist das Verhalten von Öl in Wasser, eine Voraussetzung für das Verständnis von Biomembranen.

Beeindruckend ist die Vorführung der Emulgierung von Fett durch Galle. Dafür besorge ich echte Rindergalle.

Oder wenn Wärmeschutzversuche von Gleichwarmen für Schülerexperimente zu aufwendig erscheinen, kann man diese mit verschiedenen Materialien wie Federn, Schafswolle und Fett auf dem Lehrertisch aufbauen und Schüler oder Schülerinnen werden ins Ablesen der Temperaturen einbezogen. Alle Schülerinnen und Schüler schreiben dazu ein Versuchsprotokoll.

In dem Versuch zum Wärmeschutz von Gleichwarmen habe ich zwei Kontrollversuche aufgebaut. Beim ersten taucht das Reagenzglas, gefüllt mit warmem Wasser, das dem Körper eines Tieres entspricht, direkt in kaltes Wasser. Dieser Kontrollversuch repräsentiert also ein Tier ohne Körperbedeckung in kalter Umgebung. Beim zweiten Kontrollversuch ist das Reagenzglas noch von einem anderen Reagenzglas mit größerem Umfang umgeben. Das simuliert eine Luftschicht. Mit diesem zweiten Kontrollversuch erfahren Schüler und Schülerinnen, dass die Luftschicht für die Isolierung gegen Kälte verantwortlich ist, denn bei diesem Versuchsansatz fällt die Temperatur im Reagenzglas nur langsam ab. Fell und Federn dienen dazu, eine solche isolierende Luftschicht aufzubauen und zu halten.

Schülerexperimente können Langzeit-Versuche (z.B. Keimungsversuche, Wasserkreislauf) oder kurze Experimente (z.B. Versuche zur Sinneswahrnehmung) sein. Komplexe Experimente werden in Gruppenarbeit durchgeführt, einfache wie Nahrungsmittelnachweise können einzeln von jedem Schüler vorgenommen werden.

Experimente sollten nicht wie ein Kochrezept abgearbeitet werden, sondern immer noch Freiraum zu eigenem Forschen lassen. Freies Experimentieren fällt jüngeren Schülern und Schülerinnen in der Regel schwer. Aber bei häufigem systematisch aufgebautem Experimentieren gewöhnen sie sich an den Ablauf und sind langfristig in der Lage, aufbauend auf einer festen Experimentierstruktur immer freier zu experimentieren.

Kontrollversuche sind für die Auswertung immanent wichtig. Daher sollte die Bedeutung von Kontrollexperimenten frühzeitig thematisiert werden. Für ein Experiment müssen einzelne Faktoren isoliert werden, die auf das Naturobjekt einwirken, alle anderen werden konstant gehalten. Ich denke an einfache Keimungsversuche in der 5. Klasse. Da sollen Schüler und Schülerinnen herausfinden, was Samen brauchen, um zu wachsen. Das Kontroll-Experiment besteht darin, dass alle Parameter, Licht, Wasser und Erde, vorhanden sind. Um die Fragestellung zu beantworten, muss nun bei jedem Versuchsansatz eine Variable verändert werden: also einmal wird der Versuch ohne Licht durchgeführt, einmal ohne Erde und einmal ohne Wasser. Damit kann man seine Schüler und Schülerinnen an systematisches Experimentieren heranführen. Eine solche Versuchsanleitung ist online auf Eduki zu finden unter: *Keimungsversuche mit Kresse*, eduki #1375410.

Versuchsprotokoll. Um ein Experiment sinnvoll auszuwerten, sollte ein Versuchsprotokoll angefertigt werden. Ich habe solche

Protokollvorlagen oft im Unterrichtsraum ausgelegt. Meine Schülerinnen und Schüler verwenden sie gern. Das hilft ihnen nicht nur ein strukturiertes Protokoll anzufertigen sondern auch strukturiert den Versuch durchzuführen. Folgende Teile sind in einem Versuchsprotokoll enthalten: Fragestellung, Vermutung, Versuchsmaterial, Versuchsaufbau, Versuchsdurchführung, Beobachtung und Deutung.

Das Experiment im Unterricht. Experimentieren im Unterricht sollte ein fester Bestandteil naturwissenschaftlichen Unterrichts sein. Aber es stellt die Lehrkraft vor besondere Anforderungen. Zunächst muss das Experimentiermaterial zusammengestellt und vorbereitet werden. Lehrkräfte sind ja gehalten die inhaltlichen und methodischen Kompetenzziele, zu denen Experimentieren als zentrale naturwissenschaftliche Methode gehört, zu erreichen, was nicht immer einfach ist, da Experimentieren einen erhöhten Zeitbedarf erfordert. Daher ist das Demonstrationsexperiment, das vorn am Lehrertisch durchgeführt wird, derzeit die häufigste Versuchsform im Biologieunterricht. Das lässt sich zeitlich noch einigermaßen einschätzen. Beim Schülerexperiment muss man die Schülerinnen und Schüler dazu erziehen, das Material sorgfältig und sachgerecht zu benutzen und ordnungsgemäß wieder abzugeben. Allerlei Rituale können dabei helfen, etwa, dass das Experimentiermaterial in Plastikschalen pro Lerngruppe ausgegeben wird und nach Beendigung des Versuchs wieder an einen bestimmten, vielleicht nummerierten oder farblich markierten Platz zurückgestellt wird. Um den Überblick beim Experimentieren zu bewahren, sollten klare Experimentierregeln festgelegt und eingehalten werden, zum Beispiel nicht herumlaufen, erst die Anleitung lesen, dann mit dem Versuchsaufbau beginnen, sorgfältig arbeiten, leise reden und nur einer aus der Gruppe holt das Experimentiermaterial vom Lehrertisch ab und bringt es nach Beendigung des Versuchs wieder zurück, damit keine Schülertrauben die Wege versperren. Die Lehrkraft sollte während der Experimentierphase für Ruhe sorgen, auch wenn es im Raum nicht leise sein kann. Eine klare Zeitvorgabe hilft, den gemeinsamen Unterricht nach dem Experiment wieder aufzunehmen.

Werkzeug der Erkenntnisgewinnung. Viele Versuche veranschaulichen naturwissenschaftliche Phänomene, beispielsweise das Experiment, in dem ein Zweig Wasserpest in Wasser gestellt und beleuchtet wird. Man kann die aufsteigenden Sauerstoffblasen beobachten. Je höher die Beleuchtungsstärke ist, desto mehr Blasen steigen auf. Nimmt man die Beleuchtungsstärke wieder etwas zurück, treten weniger Blasen aus den Blättchen. Diese Beobachtung ist für Schülerinnen und Schüler eine beeindruckende Erfahrung. Sie können die Sauerstoffproduktion von Pflanzen „sehen" und erfahren, wie die Fotosynthese-Aktivität durch Licht beeinflusst wird. Auf diese Weise erarbeiten sie selbst biologische Erkenntnisse. Das hilft ihnen sehr, Naturwissenschaften zu verstehen. In diesem Versuchsansatz geht es nicht um den Nachweis, dass die Bläschen aus Sauerstoff bestehen. Auch der Stärkenachweis an einem panaschierten Blatt, also einem Blatt, das nur teilweise grün ist, hat eine große Wirkung. wo Chlorophyll vorhanden war. Klarer kann der Einflussfaktor Chlorophyll nicht demonstriert werden.

Panaschiertes Blatt der Buntnessel   **mit Lugol'scher Lösung**

Zunächst wird das Chlorophyll mit warmem Alkohol extrahiert. Das dann weiße Blatt wird mit Iod-Kaliumiodid übergossen, um den Stärkenachweis durchzuführen. Dieser zeigt, dass nur dort Stärke aufgebaut wird, Bei diesem Experiment sollte die Lehrkraft gut abwägen, ob es als Demonstrationsversuch oder als Schülerversuch durchgeführt wird, denn er birgt einige Gefahrenquellen, so zum Beispiel die Arbeit mit warmem Alkohol. Die Iod-Kaliumiodid-Lösung ist ebenfalls nicht unproblematisch, da sie ätzend ist. Deshalb muss mit Laborhandschuhen gearbeitet werden und die Dämpfe dürfen nicht eingeatmet werden. Das Sicherheitsdatenblatt zu Lugol'scher Lösung muss beachtet werden. Über mögliche Gefahren bei bestimmten Experimenten muss die Lehrkraft sich vorher gründlich informieren, also eine Gefährdungsbeurteilung vornehmen, und dann für sich entscheiden, welche Verantwortung sie tragen kann[1]. Der Ablauf eines Experiments entspricht auch sowohl dem Ablauf eines Forschungsvorgangs als auch einer Handlung und eines Lernprozesses. Die folgende Abbildung stellt es dar.

---

[1] www.gefahrstoffe-schule-bw.de

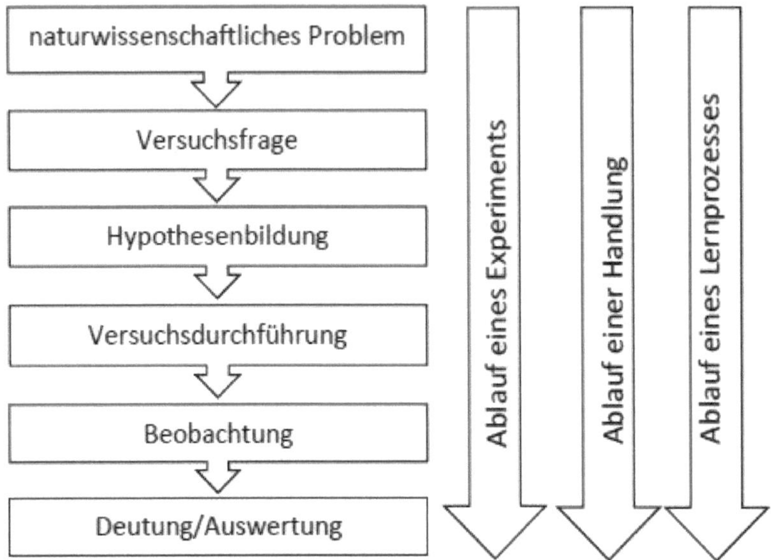

Ablaufschema: Experiment, Handlung, Lernprozess

So wie ein Experiment in der Schule abläuft, funktionieren auch Experimente im wissenschaftlichen Erkenntnisprozess. Daher zeigt das Experimentieren in der Schule, wie Wissenschaft funktioniert und wie die natur-wissenschaftlichen Erkenntnisse zustande kommen. Allerdings gibt es einen entscheidenden Unterschied zwischen wissenschaftlichem und schulischem Experiment, der darin liegt, dass das Ergebnis des Schulexperiments von vornherein feststeht. Man kann es im Schulbuch nachlesen, während mit wissenschaftlichen Experimenten immer Neuland betreten wird.

Der Ablauf eines Experiments entspricht den Phasen eines Handlungsablaufs. Dieser Aspekt verweist darauf, dass experimenteller Unterricht stark handlungsorientiert ist. Schülerinnen und Schüler bauen während des Experimentierens induktiv, also vom Konkreten zum Allgemeinen, neues Wissen auf, indem sie aus ihren eigenen Beobachtungen Schlussfolgerungen ziehen. Somit entspricht der Handlungsablauf auch einem Erkenntnisprozess. Mit systematisch angelegten Experimenten werden Schüler und Schülerinnen befähigt, selbst und eigenständig naturwissenschaftliches Wissen aufzubauen. Experimente vertiefen das Lernen, denn der Ablauf eines Experiments entspricht einem Erfahrungsprozess, in dem Handeln und Denken aufeinander bezogen sind. Erfahrungsbasiert gewonnenes Wissen wird wesentlich besser behalten als auswendig Gelerntes. Diffusions-Experimente etwa veranschaulichen durch konkrete Beobachtung, dass dieser Vorgang über kurze Strecken sehr schnell und über längere Strecken äußerst langsam funktioniert. Daran erfahren die Lernenden die Bedeutung der Diffusion und Osmose für die Atmung und die Nieren sowie für den Stoffaustausch auf Zellebene. Auch aus diesem Grund sollten Schüler und Schülerinnen möglichst oft im Biologieunterricht die Möglichkeit erhalten, zu experimentieren.

Entdeckendes Lernen. Experimente bilden das Wesen der Naturwissenschaften ab. Das stellen die Vertreter von *Scientific Literacy* in den Vordergrund, also sowohl Inhalte als auch die Methode, durch die die Inhalte erkannt wurden, sind Teil der Naturwissenschaften. Das Experiment ist ein wichtiger Bestandteil des entdeckenden Lernens. Der Begriff entdeckendes Lernen wurde aus dem angelsächsischen Wort *inquiry-based learning* übernommen. Seine erste Bedeutung, die *discovery* (= freies Herumprobieren) ist in diesem Kontext nicht gemeint, sondern seine zweite Bedeutungsrichtung, das forschende Lernen. Erkenntnisse und Wissen werden beim entdeckenden Lernen induktiv gewonnen. Schüler und Schülerinnen schließen aus ihren Beobachtungen auf allgemeine Regeln und Gesetzmäßigkeiten. Ein Unterscheidungsmerkmal zu anderen Unterrichtsformen ist das Ausmaß von Freiräumen für eigene Fragestellungen. Und genau das ist eine wichtige Stellschraube für gutes Experimentieren. Im entdeckenden Lernen kann insbesondere **offenes Experimentieren** geübt werden. Dafür sind Projekte und Experimentierkurse im AG-Bereich geeignet, in denen Schülerinnen und Schüler an selbst gewählten Fragestellungen ein biologisches Phänomen untersuchen.

Motivation. Experimentieren bringt den Lernenden sehr viel Freude. Viele lieben die Handlungsorientierung daran. Das Experimentieren wird mit positiven Assoziationen zum Lerngegenstand verbunden und baut damit eine intrinsische Lernmotivation auf. *Basic needs* wie Autonomie, soziale Eingebundenheit und Kompetenzerleben werden eher durchs Experimentieren als durch Routine-Arbeitsblätter abgedeckt. Mit dem neu gewonnenen Interesse sind die Schülerinnen und Schüler aufmerksamer, lernen besser und gewinnen Interesse an Naturwissenschaften. Daraus resultiert, dass Experimentieren zu guten Behaltenseffekten führt. Das konnte ich viele Male beobachten. Nicht nur Fünft- und Sechstklässler, sondern auch Oberstufenschüler schätzen die Methode des Experimentierens sehr.

Kompetenzerwerb. Kompetenzen im Experimentieren erwerben Schülerinnen und Schüler nur durch häufiges eigenes Experimentieren. Zunächst lernen sie in vorgegebenen Experimenten die Fertigkeiten, mit Laborgeräten umzugehen, Versuche richtig aufzubauen und Protokoll zu führen. Sie vollziehen nach, wie naturwissenschaftliche Experimente funktionieren und welche Rolle sie zur Beantwortung biologischer Fragestellungen einnehmen.

Die Methodik des Experimentierens ist eine komplexe Erkenntnismethode. Daher benötigen Schüler und Schülerinnen viele verschiedene Aufgabenstellungen, die mit Hilfe von Experimenten gelöst werden können. Im offenen Experimentieren wird das Finden guter Fragestellungen geübt. Durch die Förderung der Teilkompetenzen *Hypothesen aufstellen* und *Ergebnisse interpretieren* wird die Experimentierfähigkeit von Schülerinnen und Schülern erweitert. Experimentierkompetenz umfasst auch, Messungen durchführen zu können und Grafiken zu erstellen. Schließlich ist die Fehleranalyse ein wichtiger Teil der Auswertung. Schüler und Schülerinnen müssen lernen, mögliche Fehlerquellen bei der Planung ihrer Experimente zu identifizieren. Eine weitere Teilkompetenz besteht darin, dass Schülerinnen und Schüler den Versuchsaufbau und die eigene Auswertung kritisch hinterfragen. Die Anwendung und Reflexion wissenschaftlicher Arbeitsweisen gehören zum Kompetenzbereich Erkenntnisgewinnung. Das ist eine eigene Säule neben der Fachkompetenz, den kommunikativen Kompetenzen und der Bewertungskompetenz. Da Experimente oft in Kleingruppen ausgeführt werden, erwerben Schülerinnen und Schüler auch kooperative und kommunikative Fähigkeiten. Damit entwickeln sie Kompetenzen zum selbstständigen forschenden Lernen.

Erkenntnismethode – Vergleichen

Das Vergleichen ist eine grundlegende Erkenntnismethode der Biologie, mit der mehr biologische Erkenntnisse gewonnen wurden als durch Experimente. Diese Methode spielt in der Biologie eine zentrale Rolle, denn sie ist die Basis für das Klassifizieren von Tieren und Pflanzen. Beim Vergleichen zweier Tier- oder Pflanzenarten werden Gemeinsamkeiten und Unterschiede überprüft. Je mehr Ähnlichkeiten festgestellt werden, desto wahrscheinlicher ist eine Verwandtschaftsbeziehung. Die auf Verwandtschaft basierende Systematik von Tier- und Pflanzenreich dient dazu, Arten zu erkennen oder zu benennen. Wie sonst könnte man sich bei über 2 Millionen beschriebenen Tierarten und noch einmal 250.000 Pflanzenarten zurechtfinden? Aber auch Organe und Organsysteme werden miteinander verglichen: Atmung: Kiemenatmung, Lungenatmung, Tracheenatmung, auch Lebensräume und Ernährungsweisen. Das Vergleichen ist zudem die Basis der Begriffsbildung.

Für den modernen Biologieunterricht, in dem Schüler selbst in geeigneten Lernumgebungen ihr Wissen konstruieren sollen, erhält die Vergleichsmethode eine besondere Bedeutung als Werkzeug für selbstgesteuerte Lernwege.

Begriff Vergleichen. Bei der naturwissenschaftlichen Methode des Vergleichens werden biologische Systeme auf Gemeinsamkeiten und Unterschiede überprüft. Ein wissenschaftlicher Vergleich ebenso wie die Erkenntnismethode Vergleichen in der Schule laufen kriteriengeleitet ab. Was heißt das? Der Vergleich ist eine dreistellige Relation. Wenn zwei Objekte miteinander verglichen werden sollen, ist die dritte Relation ein Kriterium, nach dem der Vergleich angestellt wird. Kriteriengeleitet heißt, dass zwei Objekte oder mehr nur unter einem Gesichtspunkt verglichen werden dürfen. Danach käme der nächste und der übernächste

Gesichtspunkt. Vergleicht man beispielsweise zwei Wirbeltierarten unter dem Kriterium der Hautbeschaffenheit, so kommt dabei heraus, dass die Ausprägung der Merkmale verschieden ist: die Eidechse beispielsweise hat Hautschuppen und das Pferd ein Fell. Beide Merkmalsausprägungen sind für ihre jeweilige Tierklasse aussagekräftig.

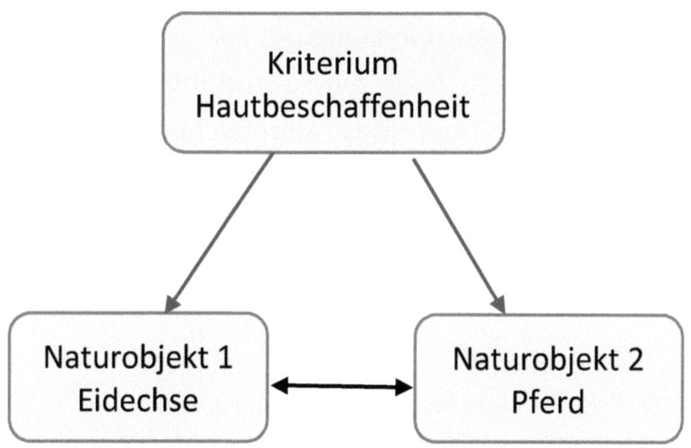

Kriteriengeleiteter Vergleich

Für jeden Einzelvergleich muss ein neues Kriterium gewählt werden, damit nicht von Merkmal zu Merkmal unstet gesprungen wird. Also der nächste Vergleich könnte unter dem Kriterium der Atmung vorgenommen werden, dann unter den Gesichtspunkten Fortbewegung, Fortpflanzung und Ernährung:

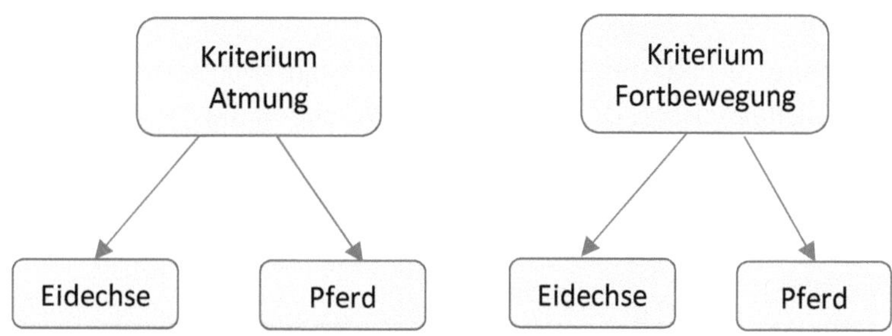

Kriteriengeleitete Vergleiche

Als Ergebnis lässt sich zusammenfassen, dass Eidechse und Pferd die gleiche Atmungsform haben, allerdings in sehr verschiedener Ausprägung, und sich mit vier Beinen fortbewegen. Die Beinstellung ist aber anders. Daher laaufen diese Bewegungen unterschiedlich ab. Beide lassen sich in die systematische Gruppe der Landwirbeltiere (*Tetrapoda*) einordnen. Weitere Vergleiche führen dazu, dass die beiden Tierarten sich in der Fortpflanzungsbiologie unterscheiden. Solche Vergleichsvorgänge sind in der Orientierungsstufe verbreitet. Auch die Zuordnung einer Tierart zu einer Tiergruppe erfolgt über das Vergleichen. Das könnte didaktisch mit folgender Aufgabe so aussehen: *„Ordne das Tier auf Grund seiner Merkmale in die richtige Tierklasse ein."*

Die Erdkröte

Vorkommen. Die Erdkröte lebt in der Nähe von Häusern und Gärten. Man sieht sie selten, weil sie sich tagsüber unter Steinen oder Holzhaufen versteckt. So trocknet ihre Haut nicht aus.

Merkmale. Sie hat viele Warzen auf ihrem feuchten, nackten Körper. Die Adulten haben Lungen, die Larven Kiemen.

Fortbewegung. Erdkröten laufen mit ihren 4 Beinen, sie können nicht wie Frösche springen. Die Kaulquappen schwimmen mit Hilfe ihres Schwanzes.

Nahrung. Sie jagen nachts Insekten und andere Kleintiere, während die Kaulquappen Pflanzenfresser sind.

Fortpflanzung. Zur Paarungszeit machen sie lange Wanderungen zu ihrem Laichgewässer. Dort wickelt das Weibchen die Eier in gallertigen Schnüren um Pflanzen. Die jungen Larven schlüpfen und leben ohne Brutfürsorge in dem Teich. Viele von ihnen werden gefressen, bevor sie sich in landlebende, erwachsene Kröten verwandeln.

Infokarte über Erdkröte zur Einordnung in eine Wirbeltierklasse

Alltagsvorstellungen. Geht man nur nach äußerer Ähnlichkeit, bleibt man dem alltagsweltlichen Vergleichen und damit den Alltagsvorstellungen von Tieren und Pflanzen verhaftet. Dabei verwendet man eher kein Vergleichskriterium, sondern ruft Ähnlichkeiten assoziativ ab. So begannen Menschen ganz früher Tiere und Pflanzen zu ordnen. Da war alles, was im Wasser lebt, ein Fisch. Das erkennt man heute noch an der Namensgebung beispielsweise im Englischen *starfisch* für Seestern oder an der alten Bezeichnung für Wal: Walfisch. Diese Alltagsvorstellungen bleiben gerade bei untypischen Arten einer biologischen Kategorie sehr hartnäckig bestehen. Auch wenn Schüler und Schülerinnen längst gelernt haben, dass eine Schlange zu den Wirbeltieren gehört, sagen sie trotzdem später *„die Wirbeltiere und die Schlangen“* oder *„Fische und Aale“*. Es ist also sehr schwer, Fehlvorstellungen bezüglich der Einordnung von Tieren und Pflanzen durch Unterricht zu verändern. Wenn Schülerinnen und Schüler eine Tier-Klassifikation nur oberflächlich auswendig lernen, bleibt diese nicht lange im Gedächtnis haften. Man weiß ja, dass ein Großteil des schnell und oberflächlich Gelernten nach einiger Zeit wieder aus dem Gedächtnis verschwindet.

Eine biologische Einteilung nach äußerer Ähnlichkeit findet man heute noch in der Klassifikation der Blütenpflanzen, die im 18. Jahrhundert von Carl von Linné eingeführt worden war. Da geht es einfach um die Anzahl von Kelch-, Kron- und Staubblättern der Blüten. Auch die äußere Einteilung der Bakterien in Kokken (kugelförmige Bakterien), Stäbchen und Spirillen hat sich unabhängig von Verwandtschafts-verhältnissen bis heute gehalten.

Wissenschaftlicher Vergleich. Der wissenschaftliche Vergleichsvorgang wird als eine Mischform von Ähnlichkeitserwägungen und Theorieorientierung aufgefasst

(Hybridmodell). So kann man sich die Vorgänge beim Vergleichen vorstellen:

Klassifikation eines Pinguins		
Assoziativer Teil	**Bewertung**	**Erklärender Teil**
Flügel, Flossen, im Wasser, singt, schwimmt, fliegt Zwei Beine, Eier legend, Federn, Schnabel	Auswahl ⟸ Wechselwirkung ⟺	Wissen über Wirbeltiergruppen Wissen über Wandel von Merkmalen Ähnlichkeit mehrdeutig Lungenatmung

Hybridmodell des Vergleichens

Ähnlichkeits- und regelgeleitete Vergleiche laufen bei diesem Prozess parallel ab und werden auf dasselbe Objekt angewendet. Richtiges Vergleichen bedeutet daher, dass sowohl Ähnlichkeiten assoziativ genutzt werden als auch regelbasiert entschieden wird, ob zwei Pflanzen oder Tiere in eine Kategorie gehören. Nehmen wir ein schwieriges Naturobjekt, den Pinguin. Lässt man sich assoziativ von Ähnlichkeit leiten, so wird er als Fisch klassifiziert, weil er beim Schwimmen die Stromlinienform eines Fisches hat. Genauso viele Schülerinnen und Schüler ordnen ihn als Säuger ein. Dabei orientieren sie sich schlicht und einfach am „Watschelgang auf zwei Beinen". Pinguine gehören aber zur Tierklasse der Vögel. Um das sicher zu bestimmen, müssen zahlreiche Gesichtspunkte herangezogen werden, unter denen ein Vergleich ausgeführt wird. Die Kriterien der Körperform und der Fortbewegung allein führen in die Irre. In der nachfolgenden Abbildung werden die beiden Vorstellungen – Alltags- und wissenschaftliche Vorstellung - dargestellt.

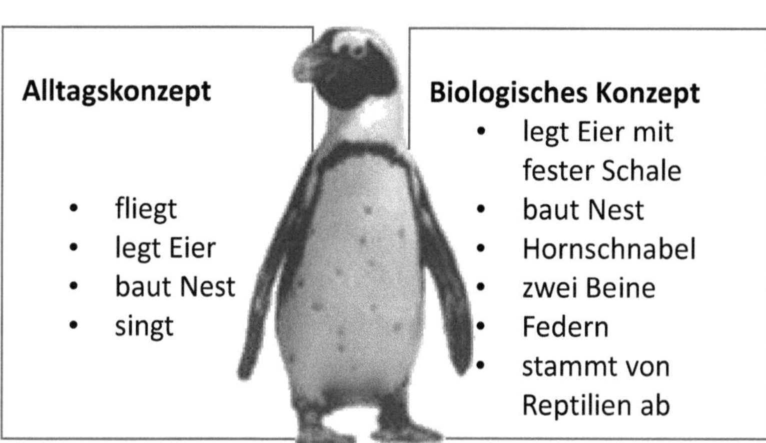

Vorstellungen des Konzepts Vogel

Dieses Beispiel zeigt auch, dass die Vergleichsgesichtspunkte bewertet werden müssen, was im regelbasierten Teil eines Vergleichs geschieht. Eine Rolle für die richtige Einordnung spielt der Gesichtspunkt der Atmung, der Körperbedeckung und der Fortpflanzung. Die Ausprägungen sind: Lungenatmung, Federkleid und eierlegend. Damit wird der Pinguin richtig als Vogel klassifiziert.

Um Alltagsvorstellungen zu überwinden, sollte wissenschaftsorientiertes Vergleichen als Erkenntnismethode explizit im Biologieunterricht vermittelt werden, damit die Schüler und Schülerinnen lernen, sowohl assoziativ als auch regelgeleitet zu vergleichen. Dazu müssen sie natürlich die Konzepte von Wirbeltieren und ihren Tierklassen kennen. Zudem ist es bedeutsam, zwischen den Hauptkriterien Verwandtschaft und Lebensraum zu unterscheiden. Beim Ordnungskriterium Lebensraum sollen Schüler und Schülerinnen die Angepasstheit an einen bestimmten Lebensraum bearbeiten. Dabei erkennen sie Analogien, die meist äußerlicher Ähnlichkeit sind wie Körperform, Fortbewegungsweise oder Ernährungsweise.

Ordnen von Tieren und Pflanzen. Das Einordnen von Tieren und Pflanzen in ein Klassifikationssystem ist eine zentrale Aufgabe der Biologie. Die Bildung von Kategorien bezieht sich in der Biologie auf Stamm, Klasse, Ordnung, Familie, Gattung und Art. Dabei handelt es sich um ein hierarchisch aufgebautes Kategoriensystem. Dazu findet ein Vergleich leicht abgewandelt statt. Ein Naturobjekt wird mit einer Gruppe unter einem Kriterium verglichen. Der Abgleich funktioniert assoziativ wie im Alltag, aber zusätzlich regelgeleitet unter biologischen Kriterien. Tiere ordnen mit Schwerpunkt auf die Erkenntnismethode Vergleichen findet sich in dem Material *Wirbeltiere ordnen zum Selbstlernen*, eduki #261809. Das Ordnen von Tieren und Pflanzen erfordert die systematische Verwendung von biologischen Ordnungskriterien. Für diese Art des Vergleichens ist es typisch, dass ein übergeordnetes Ordnungskriterium festgelegt wird, beispielsweise die Abstammung. Hierfür muss vor allem **regelbasiert** geordnet werden, denn homologe Merkmale, auf denen Verwandtschaft basiert, kann man nicht unbedingt sehen. Sie können auch sehr unähnlich sein. Man denke nur an die Homologie von Vogelflügel und Säugerarm. Homologe Ähnlichkeit ist nicht unbedingt sichtbar. Sie wird durch gemeinsame Vorfahren erklärt. Auch der Wal kann nur theoriebasiert den Säugern zugeordnet werden. Dabei ist es günstig, wenn Schülerinnen und Schüler die Entwicklung der Wale von landlebenden Raubtieren zu wasserlebenden Tieren kennen.

Eine verbreitete Aufgabe im Biologieunterricht besteht in der vergleichenden Untersuchung des Aufbaus von verschiedenen Wirbeltierknochen wie Armskelett, Walflossen-Skelett oder der Vorderarm eines Maulwurfs oder einer Fledermaus (*„Vergleichen Sie die Anordnung und Ausprägung der Extremitäten-Knochen."*). Die wesentlichen Eigenschaften werden abschließend anhand der Ergebnisse stammesgeschichtlich erklärt. Das trägt zur Ausschärfung des recht abstrakten Begriffs Homologie bei.

Ich selbst bin immer froh, wenn ich beim Entdecken einer mir fremden Pflanze eine – ja äußerliche – Ähnlichkeit zu mir bekannten Pflanzenfamilien erkenne. Das hilft mir sehr für die weitere Bestimmung der Art.

Die folgende Abbildung zeigt die Zuordnung verschiedener Blüten, die eindeutig auf die Pflanzenfamilie der Korbblütler (Compositae) hinweisen.

Sie bestehen aus außen liegenden Zungenblüten und den inneren Röhrenblüten, wobei die Zungenblüten oft dem Anlocken der Insekten dienen. Das sieht man deutlich bei dem schmalblättrigen Greiskraut, der Wiesen-Margerite, dem Gänseblümchen und der Echten Kamille. Die Röhrenblüten hingegen haben Fruchtknoten und Staubblatt. Innerhalb dieser Familie ist die wahrnehmbare Ähnlichkeit groß. So können diese Pflanzen schnell auf Grund der wahrnehmbaren Ähnlichkeit in die Gruppe der Korbblütler eingeordnet werden. Auf Gattungs- und Familienebene der Systematik funktioniert der **ähnlichkeitsgeleitete Vergleich** gut. Viele Blüten der Korbblütler, die übrigens die größte Pflanzenfamilie der Bedecktsamer bilden, haben das Körbchen in der Mitte des Blütenstands wie das Schmalblättrige Greiskraut, die Margerite, das Gänseblümchen und die Kamille. Der Blütenstand von Löwenzahn, Wegwarte und Herbstlöwenzahn hingegen besteht nur aus Zungenblüten, wohingegen der der Acker-Kratzdistel nur Röhrenblüten enthält. Innerhalb derselben Gattung ähnelt sich der Blütenaufbau noch stärker. Welcher Laie kann also schon Herbstlöwenzahn und Gewöhnlichen Löwenzahn und Huflattich nur anhand der Blüten unterscheiden?

Zuordnung von Pflanzen zu der Pflanzenfamilie Compositae

Man kann zusammenfassen, dass auf unterster systematischer Ebene in Gattungen ein ähnlichkeitsgeleiteter Vergleich an äußerlich erkennbaren Merkmalen noch zu guten Ergebnissen führt. Dabei denke ich auch an einen Vergleich von Feldhasen und Kaninchen oder Hund und Katze, was in den fünften Klassen häufig Thema ist. Aber je abstrakter die Kategorien sind, desto unabhängiger von wahrnehmbarer Ähnlichkeit muss verglichen werden, denn mit zunehmender hierarchischer Ebene sind weniger wahrnehmbare Gemeinsamkeiten erkennbar. Auf der Ebene des Stamms der Wirbeltiere weist ein Aal herzlich wenig äußere Ähnlichkeit mit einem Kleidervogel oder Elefanten auf. Also mit zunehmender Abstraktion gewinnt der theoriebasierte Vergleichsteil an Bedeutung.

Begriffsbildung. Die Methode des Vergleichens dient auch der Begriffsbildung. Kleine Kinder erwerben über den Alltagsvergleich erste Vorstellungen von Tieren, etwa das Konzept eines Hundes. Das ist ein Wesen mit vier Beinen. Zunächst hat alles, was Tier ist, vier Beine. Diese Vorstellung wird bald auf das Konzept Säugetiere erweitert. Über die Methode des assoziativen Vergleichens werden die einfachen Konzepte ständig erweitert. Dies geschieht im Grunde bei jeder Begriffsbildung im Alltag und so auch in allen Schulfächern. Wie die Begriffsbildung durch Vergleiche funstioniert, soll das Beispiel *Zelle* verdeutlichen: Als Robert Hooke 1665 das erste Mal im Mikroskop Zellen erblickte, hatte man noch kein Wort dafür. Er verglich sie mit den winzigen Räumen, den Zellen, in denen Mönche wohnten, abgeleitet von dem lateinischen Wort *cellula* für *kleine Kammer*. Die Gebilde sehen wie Zellen aus. Aus dem Vergleich *„wie Zellen"* wurde metaphorisch der Begriff *Zellen*.

Der Begriff der Ökologischen Nische lässt sich sehr gut über den Vergleich zweier Tierarten einführen. Erst über die Unterschiede ähnlicher Arten hinsichtlich der spezifischen Nutzung aller abiotischen und biotischen Faktoren desselben Lebensraums wird das Konzept der Ökologischen Nische deutlich. Schülern und Schülerinnen fällt es schwer die Ökologische Nische nicht nur räumlich aufzufassen, sondern als spezifische Nutzung von Ressourcen. Durch die Vergleiche unter immer mehr Gesichtspunkten wird diese Fehlvorstellung überwunden. Weitere Vergleiche zum Ausschärfen von Begriffen betreffen Ökosysteme oder auch Ernährungsweisen.

Ein anderes Beispiel betrifft den Vergleich von tierischer und pflanzlicher Zelle. Dabei werden sowohl die Übereinstimmungen

(Zellkern, Zellmembran, Cytoplasma) als auch die Unterschiede (Chloroplasten, Vakuole und Zellwand nur bei Pflanzen) herausgearbeitet. Durch den Vergleich verschiedener mikroskopischer Präparate finden Lernende heraus, dass die Zelle die strukturelle Grundeinheit aller Lebewesen ist.

Kompetenzentwicklung im Vergleichen. Zunächst lernen Schüler und Schülerinnen, nach vorgegebenen Kriterien Gemeinsamkeiten und Unterschiede an Naturobjekten festzustellen. Ein einfacher Lehrerimpuls *„Wonach könnte man Tiere ordnen"* bildet eine wichtige Lenkung auf die Bedeutung von Vergleichskriterien. Schüler und Schülerinnen nennen so etwas wie *„Man kann sie nach Farbe ordnen"* oder *„Die Tiere lassen sich nach dem Alphabet, nach dem Lebensraum und nach der Größe ordnen."* Sie haben alle Recht. In der Biologie kommt jedoch die Schwierigkeit hinzu, dass für die Erarbeitung von Systematik nicht die sichtbaren Merkmale zählen.

Wenn Schülerinnen und Schüler häufig selbsttätig Vergleiche vornehmen, lernen sie zum einen, Kriterien konstant zu verwenden und nicht zwischen mehreren zu wechseln. Zum anderen erweitern sie ihre Kompetenzen im Vergleichen, indem sie nicht nur nach äußerlichen Ähnlichkeiten urteilen, sondern auch regelbasiert. Das ist besonders hinsichtlich der Evolutionsvorstellungen wichtig. Kompetenzentwicklung im Vergleichen bedeutet also eine Verschiebung von ähnlichkeitsgeleitetem zu theoriebasiertem Vergleichen.

Beim systematischen Einordnen von Pflanzen und Tieren sollten Lernende das Vergleichen als Werkzeug verwenden. Dabei können sie auch immer neue Tier- und Pflanzenkonzepte konstruieren. Die Erkenntnismethode dient dabei als Werkzeug für die selbstständige Konstruktion und die Erweiterung von Tier- und Pflanzenvorstellungen.

Erkenntnismethode - Modellbildung

Anschauungsmodelle. Anschauungsmodelle gehören traditionell zum Biologieunterricht. Davon zeugen die vollen Sammlungen in den Biologie-Fachräumen. Es handelt sich dabei um greifbare Lerngegenstände, die bestimmte, sonst nicht sichtbare Phänomene veranschaulichen. In jeder Biologiesammlung findet man ausgestopfte Tiere und Modelle, die etwa Organe des Menschen aus Plastik nachbilden oder Funktionsmodelle wie das einer Cytoplasmamembran oder der Gelenke oder einer Katzenpfote. Sie erleichtern das Verständnis von sonst Unsichtbarem. Oftmals sind Anschauungsmodelle viel größer als das Original. Ich denke da an das allgegenwärtige Pantoffeltier, das bei einer Größe von 0,2 mm zu den Mikroben zählt. Manche Schüler und Schülerinnen verlieren aber die Vorstellung von der Größenordnung und sehen das Modell von 50 cm Länge als normal an. In solchem Fall führt das Anschauungsmodell zu einer Fehlvorstellung.

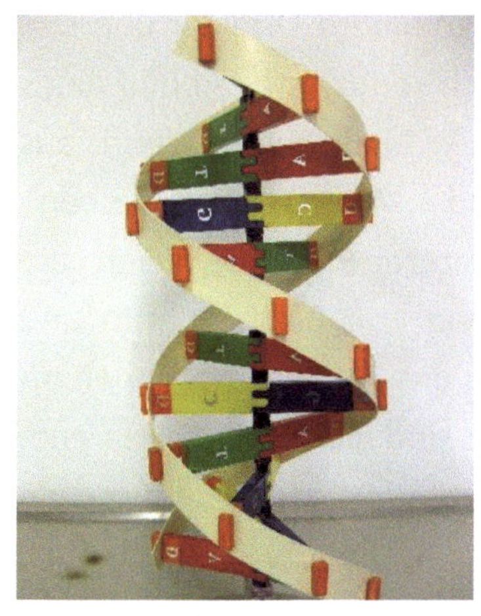

DNA-Modell

Auch DNA-Modelle fehlen meist nicht in Biologiesammlungen. Sie sind typische Anschauungsmodelle, von denen es eine große Auswahl gibt. Das hier abgebildete Modell zeigt die Doppelhelix, ist aber viel, viel größer als das originale Molekül, das ja gerade einmal einen Durchmesser von 2 Nanometern hat. Am Modell kann genau studiert werden, wie der Doppelstrang aufgebaut ist und wie er bei der Replikation aufreißt und eine Hälfte der DNA abgelesen werden kann. Auch fehlen die komplizierten chemischen Formeln der Nukleotide. Sie sind in vielen Modellen auf die Buchstaben T, A, C und G für Thymin, Adenin, Cytosin und Guanin reduziert. Mit Hilfe eines solchen Modells werden Verständnisse über den bedeutsamen Vorgang der Verdoppelung von Erbsubstanz aufgebaut.

An einem DNA-Modell erkennt man unschwer typische Merkmale von Modellen:

- starke Vergrößerung
- greifbar und zum Anfassen
- Vereinfachung
- Reduzierung des Originals auf wenige Eigenschaften
- Übereinstimmung mit dem Original nur in wenigen Merkmalen

Ein Anschauungsmodell ist die vereinfachte Abbildung eines Originals und aus einem anderen Material hergestellt. Es stimmt nur in einigen relevanten Merkmalen mit dem Original überein. Daher wird ein Modell als ein didaktisch reduziertes Abbild eines realen komplexen Systems definiert. Der Nutzen liegt darin, aus dem Gegenüber von Original und Modell angemessene Vorstellungen zu entwickeln. Als weitere Beispiele seien die vergrößerten Modelle von Blüten sowie von Blatt, Stamm und Wurzel genannt, aber auch alle Organe des Menschen können an einem Torso angefasst werden. Modelle sind nicht selbsterklärend, allerdings Mittel zum besseren Verständnis des biologischen Objekts und von Vorgängen, wobei man immer zwischen Original und Modell unterscheiden können muss.

Denkmodelle. Modell und Original müssen nicht immer nur reale Objekte sein. Es kann sich auch um gedankliche Konstrukte handeln. Gerade wenn es sich um Vorgänge im molekularen oder mikrobiologischen Bereich handelt, bieten sich Denkmodelle an. Dabei betrachten Lehrkraft und Schüler in Gedanken Naturerscheinungen im Kleinen. Sie stellen sich einen Ausschnitt aus der Wirklichkeit vor, um daran biologische Prozesse theoretisch zu verfolgen. Solche Denkmodelle können dann auch in reale Anschauungsmodelle umgesetzt werden. Das ist der Fall bei der Modellbildung durch Schülerinnen und Schüler selbst. Ein Denkmodell muss der Entwicklung eines konkreten Modells vorausgehen, denn beim Aufbau eines Modells müssen Schülerinnen und Schüler sich schon vorher vorstellen, wie das Endprodukt aussieht.

Modellbildung. Die Modellbildung wurde aus der Wissenschaft auf das naturwissenschaftliche Lernen in der Schule übertragen. Rahmenrichtlinien sehen für den naturwissenschaftlichen Unterricht vor, dass Schülerinnen und Schüler lernen sollen, wie Erkenntnisprozesse ablaufen. Daher ist Modellentwicklung ein fester Bestandteil des Biologieunterrichts. Schülerinnen und Schüler werden dazu angehalten, Modelle selbst zu entwickeln. Mit diesem Modellieren bauen sie bessere Verständnisse über biologische Vorgänge auf, so zum Beispiel, wenn sie Nukleotide aus Pappe und Papier basteln und daraus ein DNA-Modell zusammensetzen. Ein Unterrichtsvorschlag dazu steht auf Eduki: *Chromosomen, Gene und DNA zum Selbstlernen*, eduki #824922.

Mit Hilfe von bunten Nukleotiden bauen Schüler und Schülerinnen selbst ein zweidimensionales Modell der DNA zusammen. Sie erkennen dabei die Doppelsträngigkeit und die Komplementarität des DNA-Moleküls sowie die Gegenläufigkeit der Stränge. Darauf folgt der nächste Schritt: Sie reißen das DNA-Modell aus Papier an einer Stelle auf und fügen neue Nukleotide ein. Diese Modellbildung ist für die Oberstufe geeignet. Als Lehrer nimmt man immer wieder die AHA-Effekte der Schülerinnen und Schüler wahr: Wenn sie zunächst die Nukleotide falsch herum anlegen, stellen sie fest, dass die Richtung des Strangs gegenläufig ist. Oder sie verwechseln die gegenüberliegenden Nukleotide und legen T gegenüber von C und nicht von A. Solche Fehler im Prozess der Modellbildung sind wichtige Lerngelegenheiten. Nach der Modellbildung, die in Gruppen erfolgt, stellen die Teams das von ihnen entwickelte Modell vor. Dabei kann man immer noch Fehlvorstellungen erkennen und diese in der Diskussion richtigstellen. Am Ende der Modellbildung erfolgt die Modellkritik. Sie spielt für den Aufbau von Modellbildungskompetenzen eine wichtige Rolle. In der Diskussion wird das Modell mit dem Original, wie es im Schulbuch dargestellt wird, abgeglichen. Parallelen und Unterschiede zum Original werden diskutiert. Abschließend wägt die Lerngruppe ab, wie gut das Modell einige Eigenschaften des Originals abbildet.

Auch die Mitose und Meiose als abstrakte biologische Vorgänge lassen sich durch Modellbildung von Schülern gut darstellen. Eine Anleitung zu dieser Modellentwicklung findet sich ebenfalls im Eduki-Unterrichtsmaterial *Chromosomen, Gene und DNA*. Dazu bietet es sich an, Pfeifenstopfer aus einem Bastelladen zu verwenden. Bei diesem Modellieren wird der Aufbau von Verständnis, warum ein doppelter Chromosomensatz notwendig ist, gefördert. Welche Eigenschaften gehen aus dem Pfeifenstopfer-Modell hervor? Zunächst entwickeln Schüler und Schülerinnen die aufgewickelte DNA in der Transportform eines Chromosoms.

Jeweils zwei gleich große Chromosomen werden sichtbar. Die Lernenden erkennen, dass je ein homologes Chromosom vom Vater und eines von der Mutter stammt, daher zwei identisch aufgebaute Chromosomen. Am Ende der Mitose liegt ein Ein-Chromatid Chromosom vor, nachdem die Chromatiden sich getrennt haben. Entspiralisieren sie das Gebilde wieder, erhalten sie die Arbeitsform des Chromosoms. Diese liegt als langes, fadenförmiges Chromosom, bestehend aus einem Chromatid während der Interphase vor, bevor die DNA repliziert oder transkribiert wird. Am Ende der Interphase

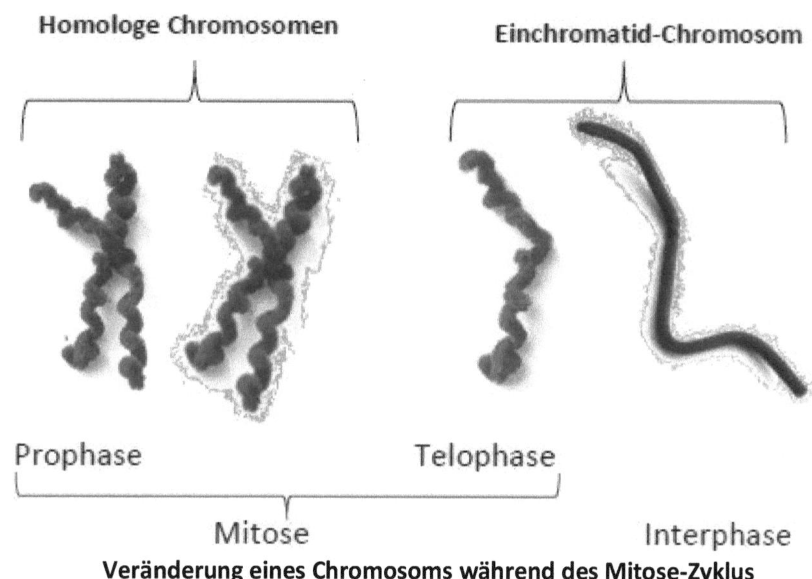

Veränderung eines Chromosoms während des Mitose-Zyklus

Modellversuche. Viele Experimente werden nicht mit dem Original durchgeführt, sondern stellvertretend andere Materialien verwendet. Beispielsweise bei dem klassischen Versuch zu den Phänomenen Schwimmen, Schweben und Sinken von Fischen ist es nicht möglich - schon aus ethischen Gründen - solche Versuche durchzuführen. Schließlich liegen die Schwimmblasen im Inneren der Fische und sind daher nicht zugängig für Versuche. Man kann dazu alte Filmdosen oder kleine Schnappdeckelgläser verwenden, die mit unterschiedlichen Mengen Kies gefüllt werden. Die Gläschen entsprechen den Schwimmblasen der Fische.

Modellversuch zur Funktionsweise einer Schwimmblase

In der Abbildung links sieht man drei Gläschen in einem mit Wasser gefüllten Aquarium, die mit Luft und unterschiedlicher Menge Kies gefüllt sind. Das Gläschen mit der geringsten Menge Kies und der größten Menge Luft schwebt an der Wasser-oberfläche (1). Das mittlere Gefäß hat die gleiche Dichte wie Wasser, deshalb schwebt es (2). Die größere Dichte als Wasser bringt das 3. Gefäß zum Sinken (3). Dieser Modellversuch birgt wie so oft eine Schwierigkeit. Das Schweben und Sinken wird in einer Schwimmblase praktisch nur durch Luftvolumenänderung hervorgerufen, während bei diesem Versuch Luft und Steinchen beteiligt sind. Bei der Übertragung des Modells auf die Schwimmblase eines Fisches müssen Schüler und Schülerinnen Unterschiede erkennen, unter anderem die Befüllung der Gläser mit Steinchen, die das Ganze schwerer machen als nur durch Luftveränderungen. Diese Versuchsanleitung ist im Material *Fische*, eduki #261798, enthalten.

Andere **Modellexperimente** betreffen das Verhalten der Kiemen im Wasser. Bei der Arbeit mit originalen Fischen bliebe das Verhalten der weichen Kiemenblättchen verborgen. Das Modell der Kiemen wird aus Papier und Holz gebastelt. Der Kiemenbogen, an dem die weichteiligen Kiemen hängen, besteht aus dünnem Knochen, während dafür im Modell ein Holzstäbchen verwendet wird. Die stark durchbluteten, hauchdünnen Kiemenblättchen werden durch Papier abgebildet. Während Kiemen als lebende Objekte viele Eigenschaften haben, stimmen die Papierkiemen nur in wenigen Merkmalen mit dem Original überein, so etwa in dem flächigen Ausmaß und dem Verhalten im Wasser. Man kann in diesem Modellversuch gut beobachten, dass die Papierblättchen nicht zusammenkleben, solange sie sich im Wasserstrom befinden, genauso wie die originalen Kiemen im Medium Wasser nicht verkleben. Je dünner das Papier, das verwendet wird, desto besser gelingt die Demonstration. Andere Eigenschaften der Papierkiemen stimmen nicht mit dem Original überein. Dieses Beispiel verdeutlicht, dass Modelle Hilfsmittel zum besseren Verständnis sind. Eine Versuchsanleitung ist im Material *Fische*, eduki #261798, vorhanden.

Kompetenzentwicklung im Modellieren. Im ersten Schritt der Kompetenzentwicklung müssen Schüler und Schülerinnen in der Lage sein, zwischen Modell und Original zu unterscheiden. Sie erfassen, dass nur bestimmte Merkmale des Originals mit dem Modell betrachtet werden. Dabei lernen sie, den Blick auf das Wesentliche der Funktion eines Modells zu richten. Während der eigenständigen Entwicklung von Modellen erwerben Schülerinnen und Schüler eine Vorstellung von den dahinterstehenden komplexen Zusammenhängen. Für die Kompetenzentwicklung im Modellieren ist es wichtig Modellkritik zu üben. Dabei geht es um die Diskussion, welche wesentlichen Merkmale das Modell enthält, welche Merkmale überflüssig sind und welche nicht abgebildet werden. Ebenso wichtig ist, die Grenzen eines Modells zu erkennen. Schließlich enthält Modellkompetenz auch die Fähigkeit Modelle zu erweitern und für verschiedene Zwecke gezielt einsetzen zu können.

Schüler und Schülerinnen, die Modellkompetenz erwerben, sind in der Lage komplexe Phänomene in Modelle umzusetzen. Dabei behalten sie durch die Visualisierung und den haptischen Zugang den Sachverhalt besser.

Gruppenarbeit

In einer Gruppe sitzen einige Schüler und Schülerinnen zusammen und bearbeiten gemeinsam ein biologisches Thema. Optimale Gruppengrößen bestehen aus drei bis fünf Lernenden. Bei einer zu großen Gruppe werden die Einzelnen leicht abgelenkt und verwickeln sich in Alltagsgespräche oder im Austragen persönlicher Konflikte. Kooperatives Lernen in Kleingruppen ist vor allem bei komplexen, problemorientierten Aufgabenstellungen der Einzelarbeit überlegen. Sie sollten anspruchsvoller sein als solche für Einzelarbeit. Das fördert die Zusammenarbeit und die gegenseitige Abhängigkeit innerhalb der Kleingruppe. Gruppenarbeit kann sehr verschieden angelegt sein und unterschiedliche Funktionen haben.

In Gruppenarbeit wird intensiv über das jeweilige Unterrichtsthema geredet, sich ausgetauscht und es werden Fragen gestellt. In diesem „Schonraum" sind zurückhaltende Schülerinnen und Schüler weniger gehemmt als sich in der Großgruppe zu äußern. Durch den intensiven Austausch von Schüler zu Schüler bauen die Lernenden ein tieferes Verständnis der Inhalte auf, als es in Einzelarbeit möglich wäre, denn die Kommunikation in der Gruppe fördert die Auseinandersetzung mit dem neuen Wissensgebiet.

Gruppenarbeit unterstützt Kommunikationsfähigkeiten, denn sie veranlasst Schüler und Schülerinnen, sich sprachlich verständlich auszudrücken, zu argumentieren und sich mit unterschiedlichen Perspektiven auseinanderzusetzen. Oftmals tauschen sich Mitglieder einer Schülergruppe in einem verständlichen Vokabular aus, wohingegen die komplexe Sprache mit vielen Fachbegriffen, die Biologielehrer benutzen, ein Lernhindernis sein können.

Durch Kleingruppenarbeit findet soziales Lernen statt. Dort üben Schülerinnen und Schüler sich im sozialen Handeln, insbesondere in

Auseinandersetzungen, in Konflikten, in wechselseitigem Verständnis und Einfühlungsvermögen. Soziale Kompetenzen sind nicht von Anfang an vorhanden. Daher sind Gruppenarbeitsphasen ein sehr wichtiges Instrument zum Kompetenzerwerb sozialer Fähigkeiten. Je häufiger Gruppenarbeit stattfindet, desto geübter sind die Lernenden, im Team Aufgaben zu verteilen und zielführend Lerninhalte zu bewältigen. Außerdem fühlen sich Schüler und Schülerinnen in Gruppen sozial gut eingebunden. Sie erleben mehr Freude bei der Gruppenarbeit und sind motivierter zu lernen, denn dem Grundbedürfnis nach sozialer Eingebundenheit wird Rechnung getragen.[2]

Gruppenarbeit wird in der Biologie in vielfältigen Zusammenhängen eingesetzt:

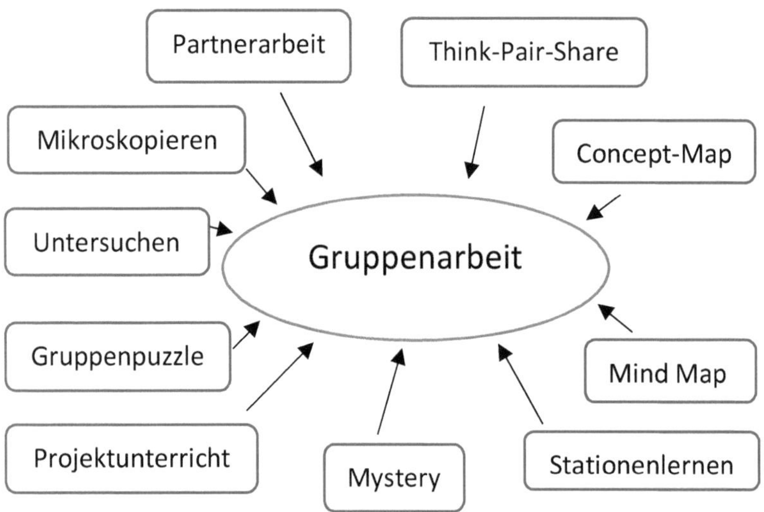

Einsatz von Gruppenarbeit in verschiedenen Methoden

---

[2] Deci, L. E. and R. M. Ryan (1993). "Die Selbstbestimmungstheorie der Motivation und ihre Bedeutung für die Pädagogik." <u>Zeitschrift für Pädagogik</u> **39**(2): 223–238.

Partnerarbeit ist der erste Schritt in Richtung kooperativen Lernens. Darin können Schüler und Schülerinnen lernen mit anderen zusammenzuarbeiten, zuzuhören und sachorientiert zu diskutieren. Der Austausch in der Zweiergruppe bildet einen geschützten Raum, bevor Arbeitsergebnisse vor der Großgruppe vorgestellt werden. Beispielsweise können Tandems zum verstehenden Lesen von Texten eingesetzt werden.

Think-Pair-Share. Eine besondere Form der Partnerarbeit ist das Think-Pair-Share. Zunächst beschäftigt sich jeder Schüler oder jede Schülerin in Einzelarbeit mit einem neuen Lerninhalt. Dann tauscht sich das Tandempaar über das Thema aus, klärt vielleicht noch Verständnisfragen oder diskutiert kontrovers. Danach geht es ins Plenum und die ganze Klasse spricht über das Thema. Der geschützte Raum der Tandemarbeit ist also der Diskussion in der Großgruppe vorgeschaltet.

Zweiergruppen sind zum **Untersuchen** von Lernobjekten wie beispielsweise Pflanzenorganen geeignet. Auch das Mikroskopieren wird meist zu Zweit ausgeführt, zumal Mikroskope an Schulen meist nur in der Zahl vorhanden sind, dass jeweils zwei Schüler an einem Mikroskop arbeiten. Das Gleiche gilt für Binokulare. Frage- und Antwortspiele sind ebenfalls für Partnerarbeit geeignet.

Kleingruppenarbeit. Im Biologieunterricht wird Kleingruppenarbeit häufig eingesetzt, denn viele Lerngelegenheiten sind so komplex, dass Einzelarbeit keine Alternative ist. So werden Untersuchungen an lebenden Objekten meist in Kleingruppen vorgenommen.

Viele **Experimente** sind aufwendig. Auch da bietet sich Gruppenarbeit an: Schon in der fünften Klassenstufe, wenn die ersten *Keimungsversuche* (eduki #1375410) durchgeführt werden, sollte man die Schüler und Schülerinnen in Gruppen arbeiten lassen. Die Gruppenmitglieder stimmen sich ab über den Versuchsaufbau und die Durchführung. Sie diskutieren in der Kleingruppe zuerst Vermutungen und abschließend die Ergebnisse.

Der Kälteschutzversuch beispielsweise ist so aufwendig, dass er sich am besten in Kleingruppen und dazu noch arbeitsteilig organisieren lässt. Jede Kleingruppe ist für ein Kälteschutz-Material (Federn, Fell, Fett) verantwortlich. Alle Ergebnisse werden zusammengetragen und gemeinsam ausgewertet.

Auch in der Oberstufe lassen sich Experimente am besten gruppenweise durchführen, so die Diffusions- und Osmose-Versuche, die Versuche zur Bergmannschen Regel oder die Enzym- und Gärungs-Versuche.

Gruppenarbeit zur Erstellung von **Concept Maps** und **Mind Maps** ist ebenso sinnvoll.

Aber auch **Projekte** (Boden, Luft, Energieformen, Gewässer-untersuchung) finden in Teamarbeit statt. Im Projektunterricht ist das soziale Lernen in Teams fest verankert, ist also konstituierender Teil des Projektunterrichts.

Freilandbiologie findet in der Regel in Teams statt. Beispielsweise wenn Bäume oder Blütenpflanzen auf dem Schulhof bestimmt oder Bodenuntersuchungen vorgenommen werden sollen. Da muss zum Beispiel eine Probe von einem Meter Tiefe genommen werden. Einmal wurde die Entnahme der Bodenprobe wird von drei Schülerinnen der sechsten Klasse arbeitsteilig vorgenommen. Sie teilen sich die Aufgabe: Sie besprechen genau, wer was macht. Eine darf den Bohrer drehen, damit der Bohrer in den Boden geht, die zweite zieht ihn vorsichtig heraus und die dritte entnimmt die Bodenproben und füllt sie in Plastiktüten ab. Sie beschriftet, in welcher Tiefe sie sich befinden.

Das **Gruppenpuzzle**, das dazu eingesetzt werden kann, viel Textarbeit zu bewältigen oder Argumente für eine Diskussion vorzubereiten, enthält explizit die kooperativen Ansätze. Auch **Mysterys** werden in der Regel in Gruppen gelöst.

Ich habe die Wirbeltierklassen in Gruppen erarbeiten lassen. Da bietet sich eine arbeitsteilige Einteilung von 5 Gruppen an (Säugetier-, Vogel-, Reptilien-, Amphibien- und Fischgruppe). Ist die Klassenstärke zu groß, lasse ich zwei Parallelgruppen zu. Also wenn in einer Klasse 30 Schülerinnen und Schüler sitzen, wäre es ungünstig nur 5 Gruppen zu bilden. Die Gruppen mit 6 Mitgliedern wären zu groß für ein effektives Arbeiten, ganz besonders bei Fünftklässlern. Also kann eine Schülergruppe wählen, welche Tierklasse sie als zweite Gruppe übernimmt. Die Schülergruppen erarbeiten sich eigenständig die wesentlichen Merkmale der Tierklasse. Dazu gestalten sie ein Poster. Dann bereiten sie die Vorstellung „ihrer" Tierklasse vor. An den im Klassenraum ausgehängten Postern präsentieren sie die Tierklassen. Das geschieht im Galleriegang.

Manchmal gibt es Unstimmigkeiten bei der Wahl der Gruppen unter den Schülern. Lernende wählen ja nicht nur nach Sachthemen, sondern gehen vor allem danach, mit Freunden zusammenzuarbeiten. Ich habe immer darauf geachtet, dass Lerngruppen entstehen, in denen die Lernenden harmonisch miteinander umgehen. Bilden sich immer wieder Teams aus denselben Mitgliedern, kommen langfristig sehr geübte und effizient arbeitende Lerngemeinschaften zustande. Sozial schlecht eingebundene Schüler oder Schülerinnen und solche mit Aufmerksamkeitsdefiziten haben es schwer Kooperationspartner zu finden. Lernende mit ADHS müssen in Ruhe lernen können, sonst werden ihre Lernergebnisse negativ beeinflusst. Das muss die Lehrkraft ihnen ermöglichen. Es kann passieren, dass sich sonst eher ruhige Schüler mit Gruppenarbeit überfordert fühlen. In den Fällen habe ich kleinere Gruppen von vielleicht nur zwei Schülern vorgeschlagen.

Man kann auch die Gruppen vorher nach bestimmten Prinzipien einteilen. So sind einige Kollegen und Kolleginnen der Meinung, dass jeder mit jedem zusammenarbeiten können muss. Manchmal wird abgezählt oder nach dem Alphabet oder nach anderen Zufallsprinzipien zusammengesetzt. Davon halte ich persönlich wenig. Aus meiner Erfahrung kann ich sagen, dass solche Zufallszusammensetzungen bei Partnerarbeit über eine kurze Zeit (5-10 min.) möglich ist.

Auch **Rollenspiele** sind Gruppenarbeit. Will man beispielsweise eine Diskussion über nachhaltige Themen einüben, bieten sich Formate wie Fischbowl an. Dabei sitzt die eine Hälfte der Klasse in einem inneren Kreis, die andere außen. Die im Innenkreis sitzenden diskutieren im Rollenspiel und vertreten dabei die Position eines Akteurs.

Organisation. Worauf ist bei Gruppenarbeit zu achten? Für Gruppenarbeit muss die räumliche Struktur des Klassenraums so gestaltet sein, dass Gruppenarbeit reibungslos stattfinden kann. Sitzordnungen müssen gut überlegt sein. Schüler- und Schülerinnen müssen lernen, diszipliniert den Klassenraum zu Gruppentischen umzubauen, nur einer aus der Gruppe holt das Material. In den unteren Klassenstufen bietet sich eine explizite Aufgabenteilung an: einer ist Gruppensprecher, ein anderer Zeitwächter und ein Dritter ist vielleicht für das Protokollieren verantwortlich. Das kann man durch Schilder sichtbar machen. Die Lautstärke muss sich in Grenzen halten, sonst entsteht keine positive Lernatmosphäre. Die Lernenden müssen sich gegenseitig zuhören und sich helfen, wenn einer nicht weiterkommt. Ich nutze oft zusätzlich Flur oder Nebenräume, um alle Gruppen in möglichst ruhiger Atmosphäre unterzubringen. In der Oberstufe wird in naturwissenschaftlichen Gruppenarbeiten sehr sach-orientiert gearbeitet.

Kompetenzentwicklung. Schüler und Schülerinnen erwerben bei Gruppenarbeit kooperative Fähigkeiten wie Empathie, Helfen und Verantwortungsübernahme. Im Idealfall trägt jedes Gruppenmitglied dazu bei, eine gemeinsame Aufgabe zu bewältigen. Schüler und Schülerinnen erwerben die Kompetenz, sich in einem Team zu organisieren. In der Gruppenarbeit findet aktives Lernen statt. Daher fördert Gruppenarbeit selbstständiges, selbstbestimmtes und selbstgesteuertes Lernen, denn die Gruppenmitglieder müssen sich selbst organisieren, sich die Zeit einteilen und Lernziele formulieren und einhalten. Sie bauen Kompetenzen auf, ihre Lernarbeit zu strukturieren. In der Gruppenarbeit führen Schüler und Schülerinnen Lernerfolge eher auf sich selbst zurück als im lehrerzentrierten Unterricht. Ihr größeres Kompetenzerleben führt zu mehr Selbstwirksamkeit. Das bedeutet, dass ihr Selbstwertgefühl gestärkt wird, wenn sie ihre Lernergebnisse auf sich selbst zurückführen können und ihre Motivation für weiteres Lernen steigt.

Vor allem kommunikative Kompetenzen werden in Gruppenarbeit entwickelt. Schüler und Schülerinnen lernen, sich gegenseitig zuzuhören, sich auszutauschen, zu erklären und zu präsentieren. Gemeinsam erschließen sie neue Informationen und bereiten sie auf, tauschen sich aus und diskutieren. Kommunikationskompetenz zeigt sich in der Verwendung der biologischen Fachsprache.

Methode - Gruppenpuzzle

Das Gruppenpuzzle gehört zu den kooperativen Lernformen. Es ist ein besonders aufwendiges Verfahren kooperativen Lernens. Und wenn es nicht gut strukturiert wird, kann es leider im Chaos enden. Viele Gruppenpuzzle sind vielleicht auch überflüssig und rufen nur eine unruhige, leere Aktivität hervor. Also bevor man ein Gruppenpuzzle durchführt, sollte man sich wirklich im Klaren sein, ob es die adäquate Methode für den zu lernenden Inhalt ist. Nur wenn große Stoffmengen bewältigt werden sollen oder die inhaltliche Vorbereitung einer Diskussion ansteht, würde ich ein Gruppenpuzzle einsetzen, denn mit seinen vier verschiedenen Gruppenphasen ist es an sich schon komplex und zeitaufwendig. Von daher kommt ein Gruppenpuzzle nicht für eine Einzelstunde von 45 Minuten in Frage. Es sollte schon eine Doppelstunde dafür eingeplant werden.

Ein Gruppenpuzzle besteht aus verschiedenen Phasen. Zuerst beschäftigen sich Schülerinnen und Schüler mit einem Inhaltsaspekt in Einzelarbeit. Das geschieht in ihrer Stammgruppe. Ich mag den Begriff Stammgruppe nicht so sehr, denn er ist eigentlich durch die Reformpädagogik belegt. Aber dieser Begriff hat sich für die erste Runde des Austauschs im Gruppenpuzzle eingebürgert. Ich wollte einmal davon abweichen, aber die zuhörenden Referendare bestanden auf dieser Nomenklatur. Bildlich kann man sich die Gruppenzusammensetzungen so vorstellen:

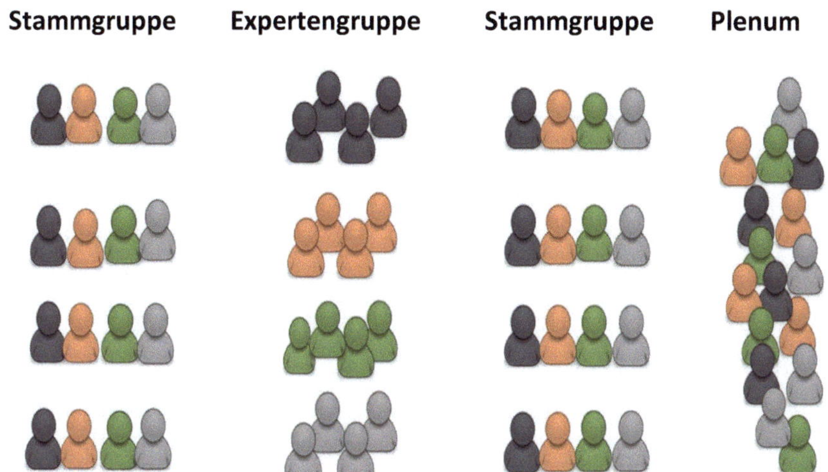

Gruppenpuzzle mit arbeitsteiligen Stammgruppen, Experten-Sitzung und Plenum

Stammgruppe. In der ersten Gruppenphase, der Stammgruppe, bewältigen die Lernenden arbeitsteilig unterschiedliche Informationstexte jeweils über einen Teilaspekt eines komplexen Themas. Das wird durch die unterschiedlichen Farben der Teilnehmer angedeutet. Sie bearbeiten Texte in Einzelarbeit. So werden sie zu Experten ihres Teilaspekts.

Expertengruppe. In einer zweiten Gruppenphase bilden die Experten aus jedem Teilaspekt eine Expertengruppe. Das heißt, aus jeder Stammgruppe sitzt ein Mitglied mit den Experten der anderen Stammgruppen zusammen. Sie erklären sich gegenseitig die inhaltlichen Teilaspekte des Gesamtthemas, die alle gleichermaßen gelesen haben, und klären Verständnisfragen. Sie können die Aussagen gemeinsam durchgehen, sodass jeder seinen Teil wirklich verstanden hat. Das muss auch sein, denn sie sind danach dafür verantwortlich, dass sie als Experten anderen Mitschülern „ihren" jeweiligen inhaltlichen Teilaspekt erklären.

Stammgruppe. Nach der Experten-Sitzung kehren Schüler und Schülerinnen wieder in ihre Stammgruppen zurück. Sie stellen sich gegenseitig die unterschiedlichen Aspekte des Gesamtthemas vor. Dabei ist jeder Einzelne dafür verantwortlich, dass alle anderen auch „seine Inhalte" verstehen. Dies ist die längste Gruppenphase. Die intensive Arbeit in unterschiedlichen Gruppenzusammensetzungen bewirkt eine positive Abhängigkeit in der Gruppe. Es ist wichtig, dass alle Mitglieder der Gruppen für sich strukturiert Protokoll führen. In den von mir erstellten Gruppenpuzzlen ist jeweils eine auf das Thema zugeschnittene Protokollvorlage angefügt, mit der alle Teilthemen stichpunktartig protokolliert werden können.

Plenum. Nun kommen alle Schüler und Schülerinnen zusammen, um gemeinsam über das komplexe Thema zu sprechen. Oft schließen sich entweder eine Sammlung von Argumenten oder ein Vergleich oder ein Wirkungsdiagramm an der Tafel an oder es findet eine Diskussion über das Gesamtthema im Plenum statt. Alle Lernenden können sich noch einmal austauschen, weiterführende Fragen diskutieren oder eine Debatte führen, die auf dem verarbeiteten Inhalt aufbaut. Am besten hält die Lehrkraft Impulsfragen für eine gemeinsame Vertiefung bereit. Daran muss sich eine Reflexion über das Gruppenpuzzle anschließen.

Die Methode des Gruppenpuzzles dient dem Sammeln von Argumenten, dem Vernetzen von Inhalten oder dem Herstellen einer Informationsbasis für eine sachgestützte Diskussion. Ein Gruppenpuzzle einzusetzen, lohnt sich bei komplexen Themen, die aus verschiedenen Perspektiven erzählt werden oder wenn viel Lesearbeit notwendig ist. Gruppenpuzzle fordern zur aktiven Mitarbeit heraus, da jeder Schüler gefordert ist, einen persönlichen Beitrag zum Gelingen des Gruppenpuzzles zu leisten.

Manchmal bietet sich ein Gruppenpuzzle an, um Zeit zu sparen, etwa wenn ein Thema mehr Zeit in Anspruch genommen hat als vorgesehen. Als Beispiel sei das Gruppenpuzzle *Inhaltsstoffe unserer Nahrung*, eduki #494891, angeführt. Die Lehrkraft könnte sich hierfür mehrere Unterrichtsstunden Zeit nehmen, diese nacheinander zu vermitteln und lehrerzentriert Eiweiße, Kohlenhydrate, Fette und Vitamine abzuhandeln. Wenn das Schuljahr dieses Zeitfenster nicht mehr hat, ist ein solches Gruppenpuzzle eine gute Alternative.

Auch breit angelegte Inhalte können so erarbeitet werden. Ich denke da an gesellschaftliche Phänomene wie *Alkoholismus*, zu finden auf der Lehrerplattform Eduki, eduki #494895, oder *Erneuerbare Energien*, eduki #494904. Die von mir erstellten Gruppenpuzzle sind zeitlich auf eine Doppelstunde ausgelegt. Im Rahmen einer Unterrichtseinheit können Lerninhalte abschließend erweitert und vertieft werden, beispielsweise beim Thema Blut und Blutkreislauf. In diesem Rahmen können die Herz- und Kreislauf-Krankheiten mit Hilfe eines Gruppenpuzzles ergänzt werden. Nachhaltige Themen wie der Einsatz erneuerbarer Energien mit anschließender Diskussion bieten sich ebenfalls als Thema für ein Gruppenpuzzle an. Wichtig erscheint mir, dass sich die Teilthemen in einem Gruppenpuzzle wirklich aufeinander beziehen beziehungsweise sich ergänzen. Je enger die Teilthemen miteinander verzahnt sind, desto intensiver wird der Austausch in den Gruppen ablaufen, denn jeder Teilaspekt ist wie ein Puzzleteil des Ganzen.

Als Beispiel stelle ich das *Gruppenpuzzle invasive Arten*, eduki #1258506, vor.

Arbeitsteiliges Lesen in der Stammgruppe über invasive Arten

Wie bei allen Gruppenpzzlen habe ich habe ich auch hier den Ablauf einer solchen Gruppenarbeit dargestellt. In der Stammgruppe liest jeder Einzelne einen anderen Text. Er oder sie beschäftigt sich mit einem besonderen Neophyten oder Neozoen. Dieses Gruppenpuzzle dient zeitökonomisch der Erweiterung und Vertiefung der Kenntnisse über Biozönosen und darin einwandernde Arten. Folgender Umfang wird in der ersten

Stammgruppenphase erarbeitet: Als Neozoen werden Kartoffelkäfer, Asiatische Krabbe, Waschbär und Pazifische Auster vorgestellt. Ihre Auswirkungen auf das Ökosystem verlaufen sehr unterschiedlich. Als pflanzliche Neophyten sollen Kanadisches Berufkraut, Drüsiges Springkraut, Gewöhnliche Robinie und die Gewöhnliche Nachtkerze bearbeitet werden. Auch die Pflanzen nutzen oder schaden oder bleiben neutral im Ökosystem.

In diesem Gruppenpuzzle ist **Binnendifferenzierung** angelegt. So sind die Informationen zum Waschbären und zur Nachtkerze kürzer und einfacher gehalten und damit für lernschwache Schüler oder Schülerinnen geeignet (gekennzeichnet durch ein Sternchen). Die Pazifische Auster kann von besonders Lernstarken bearbeitet werden. Dieser Text ist mit drei Sternchen versehen. Insgesamt werden von der Stammgruppe 14 Seiten Text durchgearbeitet. Das schafft kein Einzelschüler in vielleicht 15 Minuten. Diese Stoffmenge muss von einer Gruppe bewältigt werden.

In der Biologie bietet sich der Einsatz eines Gruppenpuzzles auch an, um die Vielfalt der Pflanzen- oder Tierwelt zu präsentieren. Das gegenseitige Vorstellen von Tierarten einer Gruppe (Familie, Klasse…) zuerst in der Expertengruppe, dann in der Stammgruppe ist viel intensiver als eine Vorstellung vor der ganzen Klasse. Die Schüleraktivität ist deutlich höher als bei einer Referatsstruktur.

Kompetenzentwicklung. Ein Gruppenpuzzle ermöglicht aktives Lernen und dient der tiefen Durchdringung von komplexen Inhalten sowie der inhaltlichen Erweiterung eines größeren Themengebietes. Die intensive Auseinandersetzung in zwei Gruppenphasen ermöglicht eine vertiefte Wissensspeicherung.

Über die Inhalte hinaus lernen Schülerinnen und Schüler sich zu strukturieren, etwas selbständig zu erarbeiten und ganz besonders Verantwortung für andere mit zu übernehmen. In einem

Gruppenpuzzle werden kooperative Kompetenzen explizit aufgebaut. Der doppelte Austausch untereinander, also in der Expertenrunde und in der Stammgruppe, festigt vorzüglich das neu erarbeitete Wissen. Außerdem lernen Schüler und Schülerinnen Verantwortung für die Gemeinschaft zu übernehmen. Damit erwerben sie kooperative Kompetenzen.

Methode – Graf-Iz

Was macht die Methode Graf-Iz aus? Wie wird sie umgesetzt und welche Kompetenzen können durch sie erweitert werden?

Der Begriff Graf-Iz deutet es schon an: es geht um eine Kombination von grafischer und textlicher Darstellung. Der Begriff Graf-Iz ist ein Akronym der Worte **Grafik** und **Notiz**. In einem Graf-Iz fassen Schülerinnen und Schüler in einer festgelegten Struktur die von ihnen erarbeiteten Unterrichtsinhalte grafisch und in Textform zusammen. Diese Strukturierung visualisiert direkt den Lernprozess. Mit Hilfe dieser Methode lernen Schülerinnen und Schüler sich bei neuen Inhalten aufs Wesentliche zu konzentrieren und ein Thema glasklar zusammenzufassen. Wie geht das? Das Graf-Iz hat eine besondere Aufteilung: Oben steht natürlich der Titel. Darunter gibt es ein Feld für die grafische Darstellung des Themas. Das kann ein selbst gemaltes Bild, ein Foto oder eine Visualisierung mit Pfeildiagrammen sein. Die Visualisierung unterstützt den Erkenntnisgewinn erheblich, da Sehen unsere wirkmächstigste Sinnesleistung ist. Daneben ist Platz für Stichpunkte. Die Reduktion des Inhalts auf Stichworte übt, Wesentliches von Unwesentlichem zu unterscheiden. Darunter gibt es eine Abteilung, in der der Inhalt noch einmal als Text verfasst werden soll. Ganz unten ist Raum für weiterführende Fragen und für Quellenangaben. In der folgenden Abbildung ist der Umgang mit einer Graf-Iz noch einmal grafisch dargestellt:

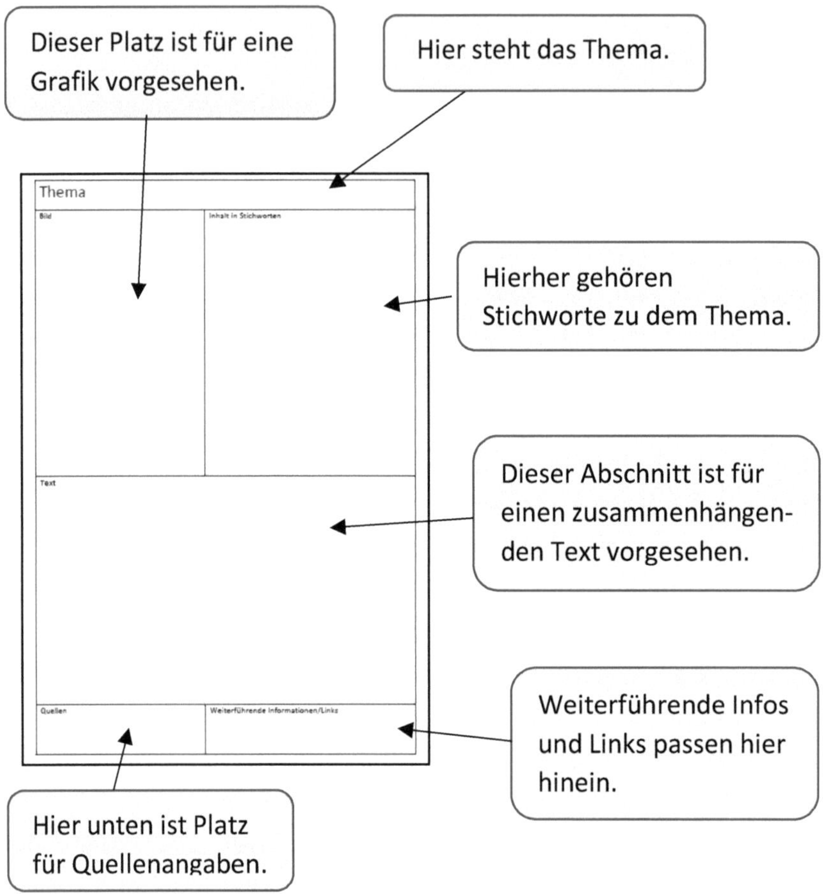

Aufteilung einer Graf-Iz

Die Aufteilung der Graf-Iz-Seite spiegelt den Lernvorgang optisch wieder: Den Inhalt visualisieren, den Inhalt in wesentliche Stichpunkte unterteilen, daraus einen Fließtext erstellen, anschließend weiterführende Fragen stellen und zum Schluss Quellen wie bei jedem eigenen Werk angeben. Die äußere Struktur des Graf-Iz erleichtert die inhaltliche Strukturierung. Zudem werden mit Bild, Stichpunkten und Text verschiedene Lernwege angesprochen. Lassen Sie Schülerteams einmal am gleichen Thema eine Graf-Iz erstellen. Sie werden sehen, wie unterschiedlich das

Thema trotz der gleichen Vorlage gestaltet wird. Gerade der Visualisierungsteil lässt viel Kreativität zu. Durch die Kombination von bildlicher und textlicher Sicherung ermöglicht diese Methode Individualisierung und damit Differenzierung des Lernens. Für eine Differenzierung kann man Schülern und Schülerinnen mit Förderbedarf den Fließtext erlassen oder er wird ihnen schon vorgegeben, sodass sie nur grafisch und mit Stichpunkten arbeiten müssen. Auch durch vorgegebene Stichpunkte können einzelne Lernende entlastet werden. In dem Fall formulieren sie aus den Stichpunkten einfache Sätze und haben dafür mehr Zeit.

Beispielsweise ist eine Graf-Iz geeignet, aus mehreren Internet-Adressen das Wesentliche zu extrahieren und selbst zu formulieren. Zu Beginn der Kompetenzentwicklung könnte man drei Internet-Adressen zu einem Thema vorgeben. Sie stehen schon unten in der Abteilung der Quellenangabe. Der Schülerauftrag lautet dabei: *Fasst die wesentlichen Inhalte der Internetseiten in einer Graf-Iz zusammen* (Beispiel auf Eduki: *Graf-Iz Ernährungsformen*, eduki #749508).

Eine solche Aufteilung führt die Lernenden zu pointiertem Extrahieren von Informationen. Außerdem kann sie Schülerinnen und Schüler darin unterstützen, Vorträge stringenter anzulegen. Wie oft habe ich Schüler-Vorträgen zugehört, bei denen gleichförmig und leise ohne ersichtliche Struktur gesprochen wurde. Selbst die bei Schülern und Schülerinnen sehr beliebten Vorträge über Säugetierarten (5. Klassenstufe) können zu großer Langeweile bei den Zuhörern führen, auch wenn die Vortragenden von ihrem Thema selbst begeistert sind. Um zu verhindern, dass Schülerinnen oder Schüler Inhalte einfach abschreiben, zwingt die Graf-Iz sie geradezu zu einem strukturierten Vortrag und zur Konzentration aufs Wesentliche. Eine Graf-Iz verhindert damit ein Plagiat zu erstellen.

Wo in der Biologie kann man weitere Graf-Iz einsetzen? Eigentlich kann jedes Thema, das von Schülerinnen und Schülern selbst erarbeitet werden soll, so strukturiert werden. Neben einem Vortrag von Fünftklässlern bietet sich eine Graf-Iz an, wenn verschiedene Ökosysteme vorgestellt werden sollen, wenn Erdzeitalter gegenseitig erklärt werden oder auch wenn verschiedene Herzkrankheiten oder Infektionskrankheiten ergänzend bearbeitet werden sollen. Aber auch jede Unterrichtsstunde kann mit Hilfe einer Graf-Iz zusammengefasst werden, zum Beispiel als Hausaufgabe. Wenn die Schüler und Schülerinnen mit dem Verfahren vertraut sind, kann man immer genügend Graf-Iz-Vorlagen auslegen.

Der Einsatz bietet sich auch für Projektarbeiten an. Sollen die Projektteams mit unterschiedlichen Messmethoden (biologische, chemische und Strukturuntersuchung eines Gewässers) ein Fließgewässer untersuchen und anschließend den anderen Teams präsentieren, eignet sich die Graf-Iz-Methode. Die Ergebnisse werden dann übersichtlich auf Plakaten ausgehängt und vorgestellt, was die abschließende Gesamtbeurteilung des Gewässers erleichtert.

Eine Graf-Iz kann in ganz unterschiedlichen Unterrichtsformen eingesetzt werden, beispielsweise können die Graf-Iz – etwa im DIN A3-Format - ausgehängt werden und Schülergruppen gehen wie in einer Galerie von Graf-Iz zu Graf-Iz, um sich zu informieren. Bei dieser Methode, dem Galleriegang, finden mehrere Schülerpräsentationen gleichzeitig statt. Wie in einer Bildergalerie wandern die anderen Lernenden von Station zu Station und hören sich nacheinander mehrere Präsentationen an. So sind alle Schüler und Schülerinnen aktiviert.

Die Graf-Iz-Methode lässt sich auch gut digital einsetzen. Dies habe ich einmal in einem Projekt mit Oberstufenschülern zu den verschiedenen Erdzeitaltern durchgeführt. Das Thema der Erdepochen wird im Evolutionsunterricht oft vernachlässigt. Um nicht zu viel Unterrichtszeit darauf zu verwenden, haben meine Schüler und Schülerinnen die Poster arbeitsteilig in Teamarbeit über fünf verschiedene Erdzeitalter in DIN A1-Format digital an den Schulcomputern gestaltet. Das Design wurde vorher gemeinsam im Plenum besprochen und abgestimmt, um einen einheitlichen Gesamteindruck zu erreichen. Nur die Farben wurden variiert. Daraufhin konnten die Schülergruppen in die vorbereiteten Templates, also die Layout-Vorlage, hineinschreiben. Die fertigen Poster ließen wir in A1 drucken. Dann wurden sie für die Haltbarkeit in Plastikhüllen gesteckt und in der Schule dauerhaft ausgehängt (Beispiel: *Digitales Graf-Iz Erdzeitalter*, eduki #749511):

Digitales Graf-Iz, Beispiel Devon, Original in A1-Format

Es macht Schülerinnen und Schülern großen Spaß, digitale Graf-Iz zu erstellen. Dazu gebe ich ein Template vor, in das hinein sie schreiben und Bilder einfügen können. Das habe ich beispielsweise mit einem digitalen Herbar mit einer 5. Klasse erprobt. Jede Gruppe war für eine Pflanze verantwortlich. Dieses digitale Vorgehen ersetzt die mühsame häusliche Herbar-Arbeit, die ja in der Vergangenheit vielfach heimlich von Müttern oder Großmüttern übernommen wurde. Für ein digitales Herbar wird in der Schule gearbeitet. Die von den Schülerinnen und Schülern frisch gesammelten Pflanzen werden (meist durch die Lehrkraft) eingescannt und in die linke Hälfte des Graf-Iz eingefügt. Die Schülerinnen und Schüler notieren dann Stichworte über Pflanze und Pflanzenfamilie. Im Fließtext beschreiben sie noch einmal die Pflanze. Die untere Zeile wird in diesem Graf-Iz für den Fundort und das Datum des Fundes genutzt. Also man kann eine Graf-Iz sehr variantenreich einsetzen.

Dieses Projekt kann gut mit der Einführung der Fünftklässler in die informationstechnischen Fertigkeiten im ITG-Unterricht (ITG: Informationstechnische Grundbildung) kombiniert werden. Nach Fertigstellung der Einzelseiten, werden sie zu einem Gesamtdokument zusammengefügt und digital oder gedruckt an alle Beteiligten verteilt (Beispiel: *Ein Graf-Iz-Herbarium analog oder digital*, eduki #750455). Am Ende ein Produkt in der Hand zu halten, erfüllt die Schüler und Schülerinnen mit großem Stolz, was bei ihnen zu großer Selbstwirksamkeit führt.

So ein Projekt funktioniert auch als Bestandsaufnahme der Bäume auf dem Schulhof. Auch dafür ist das digitale Template geeignet. Man kann die Informationen über die Baumarten als Büchlein zusammenfassen und anderen Lernenden zur Verfügung stellen oder man laminiert die fertiggestellten Seiten und hängt sie an die jeweilige Baumart. Eine solche Aktion führt zur Teilhabe an gesellschaftlichem Leben im Sinne der Projektdidaktik.

Kompetenzentwicklung. Mit Hilfe einer Graf-Iz werden die kommunikativen Kompetenzen der Schüler und Schülerinnen erweitert. Sie ermöglicht, Notizen zur Texterschließung in einem Raster zu visualisieren und Kernaussagen zu formulieren. Dabei lernen sie, sich aufs Wesentliche zu konzentrieren. Zudem erleichtert die visuelle Darstellung die Extraktion der Inhalte. Darüber hinaus erwerben die Lernenden hierbei Präsentationskompetenzen, indem sie sich pointiert vorbereiten und das Thema interessant darstellen, sei es als Poster, als Galeriegang oder als Vortrag.

Methode – Concept Map

Bei einer Concept Map werden zentrale Begriffe eines Themas in vielfältiger Weise miteinander verknüpft. Sie geben in grafischer Form wieder, wie Begriffe eines Wissensgebietes miteinander zusammenhängen. Für das Erstellen einer Concept Map zieht man Pfeile von Begriff zu Begriff und schreibt die Beziehung an den Pfeil, etwa so:

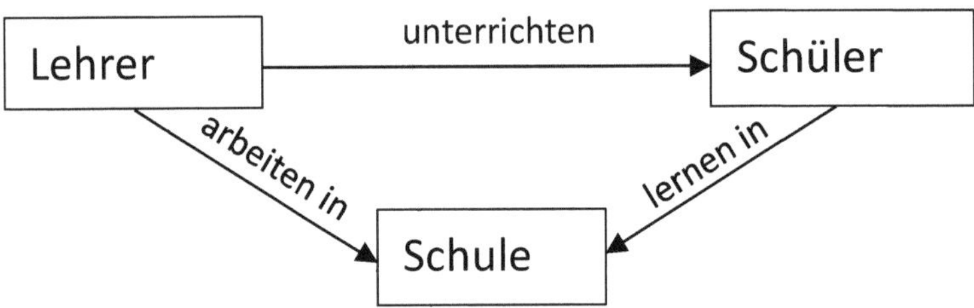

Die von Schülern und Schülerinnen erstellten Concept Maps sind gewissermaßen kognitive Landkarten ihrer Vorstellungen im Gehirn. Die Annahme solcher Vorstellungen geht auf die Lerntheorie Ausubels zurück[3]. Er wies darauf hin, dass Lernen in der Verknüpfung von neuen Lerninhalten mit bereits vorhandenem Wissen besteht. Concept Maps sind besonders geeignet, um komplexe Zusammenhänge grafisch darzustellen.

---

[3] In: Neber, H. (1981): Entdeckendes Lernen, Weinheim: Beltz

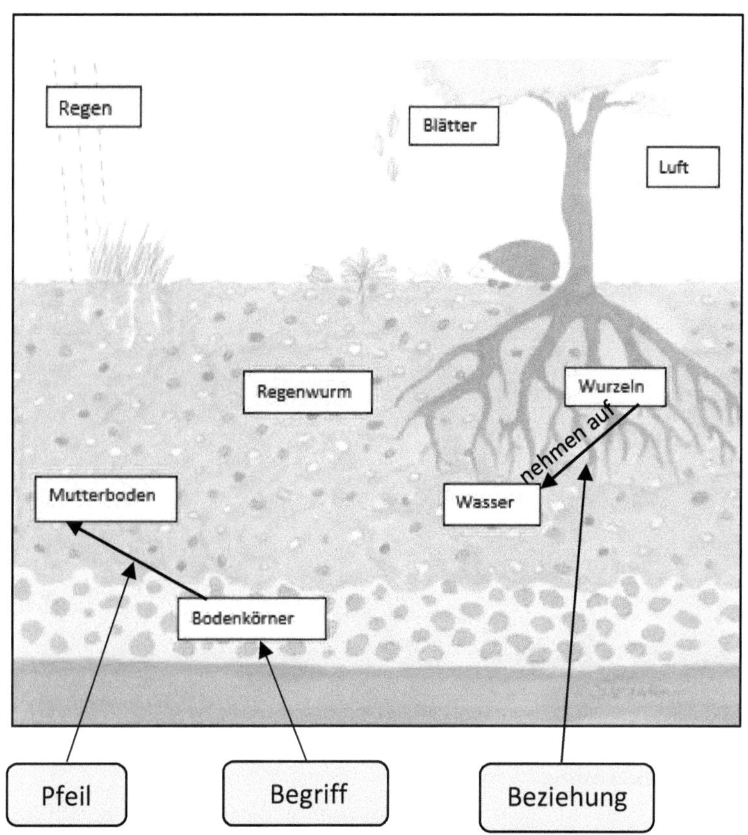

Anordnung der Concept Map *Boden*

In der Abbildung ist eine Concept Map *Boden* abgebildet, die ich für Sechstklässler im Fach Naturwissenschaften erstellte (siehe auch *Concept Map Boden*, eduki #1366595 oder *Concept Map Luft*, eduki #1366612). Dafür habe ich acht Begriffe ausgewählt. Zwischen diesen Begriffen sollten meine Schüler und Schülerinnen Verbindungslinien ziehen und eine Relation zwischen den Begriffen schreiben. Um mit der gesamten Lerngruppe gemeinsam eine Concept Map zu erstellen, habe ich die Begriffe groß auf Karten geschrieben und an eine Flippchart angebracht. So ein gemeinsames In-Beziehung-Setzen bildet einen wichtigen

Unterrichts-abschnitt für komplexe Themen. Eine mögliche Lösung ist in der folgenden Abbildung dargestellt.

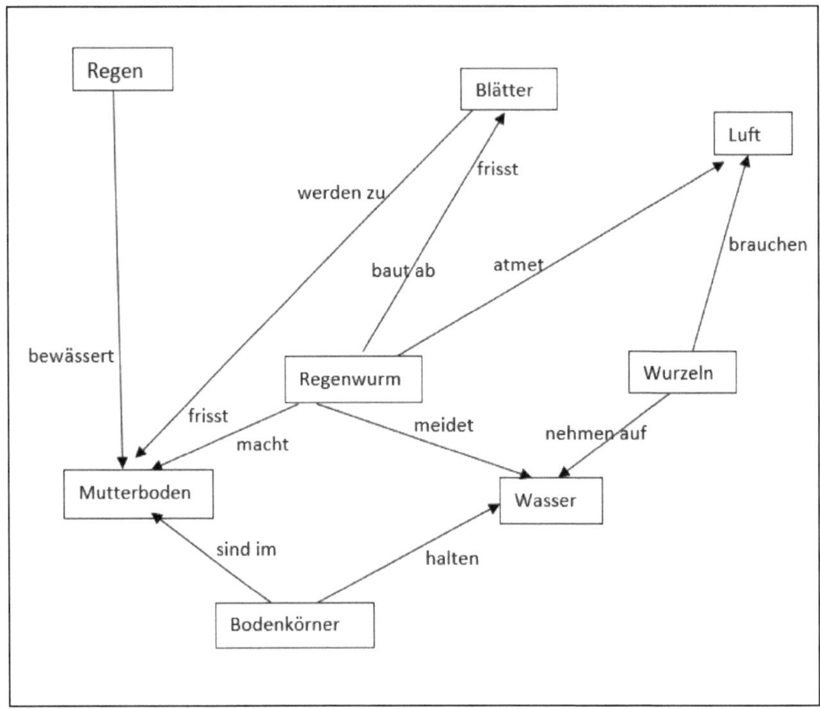

Concept Map *Boden*, Lösung

Anders als bei einer Concept Map gehen Mind Maps von einem zentralen Thema aus, von dem Verbindungen in immer kleinere Cluster abgehen. Der Focus bei einer Concept Map liegt auf den Relationen zwischen den Begriffen, während bei einer Mind Map immer mehr Unterkategorien eröffnet werden können (siehe nächstes Kapitel). Eine Mind Map zum könnte so aussehen:

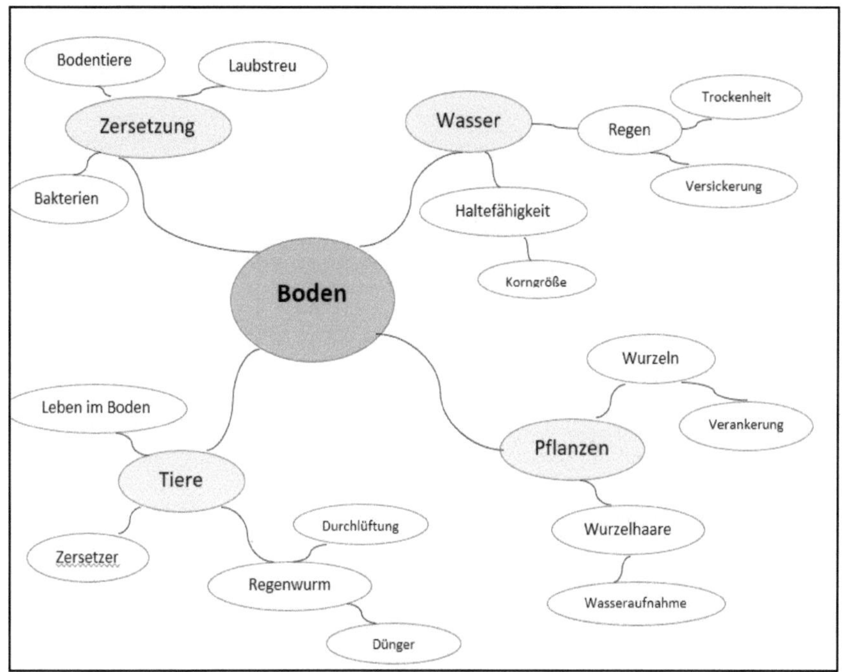

Mind Map zum Thema *Boden*

Bei der Erstellung einer Concept Map sollte die Lehrkraft nicht mehr als 8 – 10 Relationen eingeben. Gäbe man etwa 15 Begriffe vor, sind es so viele, dass einige Beziehungen vernachlässigt werden, weil Schüler sich auf bestimmte Relationen konzentrieren und Randbegriffe nicht mehr beachten. So ein Test gäbe ein falsches Bild des Zusammenhangswissens ab.

Man kann eine Concept Map besonders gut am Anfang oder am Ende einer Unterrichtseinheit einsetzen. Zu Beginn können Schüler und Schülerinnen damit ihre Kenntnisse über ein Wissensgebiet reaktivieren. Sie müssen sich Gedanken über Begriffe machen und Verbindungen zwischen ihnen finden. Meist werden sie zu Beginn aber nur isolierte Relationen oder Fehlvorstellungen aufdecken, beispielsweise *„Der Regenwurm sucht Regen auf"*.

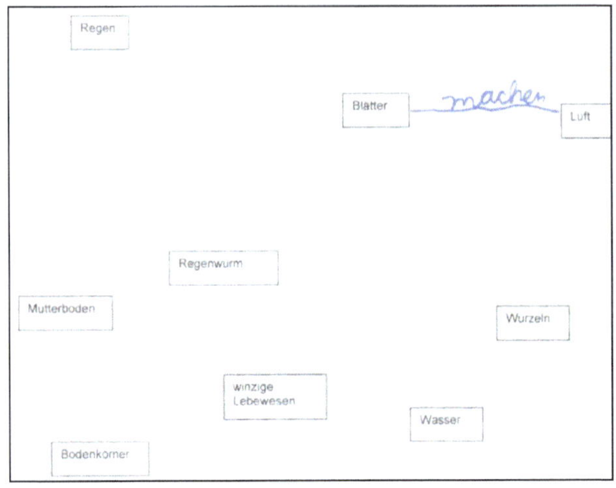

Beispiel einer Concept Map vor der Unterrichtseinheit

Die Methode der Concept Map gehört zur Strukturlegetechnik. Dabei geht es immer um Begriffe, die man in einen Zusammenhang stellt. Die Begriffe für eine Concept Map können auf Kärtchen geschrieben an Kleingruppen gegeben werden, die sich dann gemeinsam über Zusammenhänge Gedanken machen und eine Struktur erstellen. Es bietet sich an, dazu noch einige leere Kärtchen miteinzugeben, auf die Schüler und Schülerinnen noch einen für sie wichtigen Begriff hinzufügen können. Bei der Erstellung einer Concept Map müssen Schüler und Schülerinnen sich in einem Thema auskennen. Sie erfassen dabei sinnvolle Zusammenhänge. Ein Variante besteht darin, dass Schülergruppen selbst bis zu 10 Begriffe zu einem Thema auf Kärtchen schreiben und anschließend Verbindungen zwischen diesen Begriffe herzustellen. So können komplex strukturierte Themen wie beispielsweise Luft, gesundes Wasser, ein Ökosystem oder nachhaltige Nutzung von Energie visualisiert werden. In Kleingruppen erarbeiten die Lernenden die Struktur eines Wissensgebiets aus ihrer eigenen Sicht. Dabei tauschen sie ihre Ideen aus und einigen sich auf bestimmte Verbindungen. Daher darf die Kleingruppe nicht zu groß sein. Drei bis vier Gruppenmitglieder wären ideal. Danach erklärt jede Gruppe ihre Concept Map den anderen Klassenkameraden. Daran offenbaren sie ihre Gedanken zu dem Thema. Abschließend werden die strukturierten Concept Maps verglichen. Im Plenum kann Gleiches und Unterschiedliches zwischen den Gruppen herausgestellt werden. Bei diesem Beispiel kam eine leichte Änderung der Methode zum Tragen: Es wurden keine Relationen an die Pfeile geschrieben. Sie geben hier nur die Richtung der Energieumwandlung an. Insofern könnte man diese Methode auch als Strukturlegetechnik bezeichnen. Bei dieser Concept Map stehen den Schülergruppen sehr viele Kärtchen zur Verfügung. Von daher müssen sie nicht alle verwenden. Für diese aufwendige Aufgabe brauchen Schüler und Schülerinnen der 9. oder 10 Klassenstufe mindestens eine Doppelstunde.

Die Erstellung einer Concept Map ist ergebnisoffen. Die Lernenden erleben, dass vielfältige Verknüpfungen möglich sind. So kann individuell Gelerntes vertieft werden. Man kann sich gut vorstellen, dass Wissen mit Hilfe einer Concept Map genauso abgebildet wird, wie es in unseren Köpfen existiert.

Concept Maps eignen sich gut zur Beurteilung des Lernfortschritts. Der Einsatz vor und nach einer Unterrichtseinheit gibt den individuellen Lernfortschritt der Schüler und Schülerinnen wieder. Als ich die Bewertung individuell von Vor- zum Nachtest für jeden Einzelnen durchgeführt habe, kamen die schwächeren Lerner des unteren Klassendrittels besonders gut weg, denn sie haben einen großen Fortschritt im Verbinden von Begriffen gemacht, da sie vorher kaum etwas zu dem Thema gewusst haben. Da einige sehr gut Lernende vorher schon viele Kenntnisse hatten, wiesen sie nur einen geringen individuellen Lernfortschritt auf. Die lernschwächeren Schüler hatten auf Grund ihres individuellen Lernfortschritts mal ein großes Kompetenzerleben, was ihre

Selbstwirksamkeit stärkte. Für die lernschwachen Schüler und Schülerinnen zählte nur ihre persönliche Entwicklung und nicht der Vergleich mit anderen Klassenkameraden, weshalb sie sonst meist schlecht abschneiden. Der Vergleich der Concept Maps vor und nach der Unterrichtseinheit Boden zeigt ein solches Vorankommen. Die zunehmende Wissens-differenzierung vom Vor- zum Nachtest wird deutlich. Vor der Unterrichtseinheit wird eine einzige Relation genannt: *Blätter machen Luft.* Sie ist auch noch sehr alltagsmäßig ausgedrückt. Dieses Wissen hat noch nichts mit den Verhältnissen im Boden zu tun. Ihr Wissen über Boden ist vorher eine Leerstelle in ihrem Gedächtnis. Die im Boden ablaufenden Prozesse werden nach der Unterrichtseinheit gesehen. Immerhin sechs Relationen zwischen Begriffen werden im Durchschnitt erkannt. Zum Beispiel *„Regenwürmer machen Humus".* Das ist eine zentrale Aussage, die sich auf die Rolle des Regenwurms für guten Boden bezieht. Auch die Aussage *„der Regenwurm braucht Luft"* zeigt ein Verständnis, denn unter der Erde muss geatmet werden. Dass Wurzeln Wasser aufnehmen, kommt in der Verbindung *„Wurzeln saugen Wasser"* zum Ausdruck. Auch hier ist noch kein adäquates Vokabular vorhanden.

Für eine Bewertung der Concept Map zählt die Lehrkraft alle richtigen Relationen. Man kann auch die falschen abziehen, um zu einer Bewertung zu kommen. Ich habe immer nur die richtigen Aussagen gezählt, denn ob ein Schüler oder eine Schülerin eine Beziehung falsch oder gar nicht aufgestellt hat, läuft auf dasselbe hinaus. Entweder hat er oder sie eine Fehlvorstellung oder gar keine Idee.

Eine Anwendung auf systematische Kategorien der Zoologie ist für den Biologieunterricht ebenfalls ergiebig (*Concept Map Wirbeltiere*, eduki #1366575). Im Bereich der Tier- und Pflanzenkategorien ist Zusammenhangswissen wichtig, um die eigenen Tierkonzepte ständig zu erweitern.

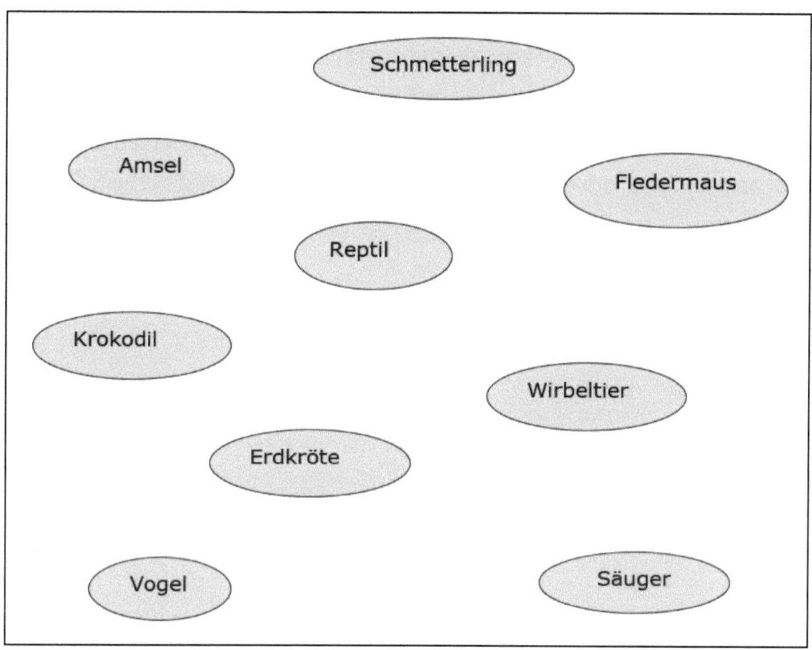

Concept Map *Wirbeltiere*

Die Concept Map *Wirbeltiere* regt Schüler und Schülerinnen der fünften Jahrgansstufe dazu an, Wirbeltiere im Zusammenhang zu ordnen, nachdem sie Einzelwissen über Tierarten wie *Fledermaus ist ein Säugetier* und *Amsel ist ein Vogel* zuvor schon hatten.

Concept Maps kann man auch gut interaktiv Online erstellen. Verschiedene Internetadressen bieten das an. Sie sind so gestaltet, dass mehrere Teilnehmer an einer Concept Map arbeiten können. Entweder gibt die Lehrkraft die Begriffe vor oder Schüler und Schülerinnen erstellen selbst sowohl Begriffe eines Themas als auch Verbindungen zwischen diesen. Sie können online zusammengeschaltet werden. Hier ist eine mögliche kostenfreie Internetseite dazu:

https://miro.com/de/signup/

Kompetenzentwicklung. Eine Concept-Map hilft, Zusammenhangswissen herzustellen. Schüler und Schülerinnen erkennen sinnvolle Verknüpfungen der Lerninhalte. Diese bleiben länger im Gedächtnis als auswendig gelernte einzelne Begriffe. Komplexe Themen wie Umwelt- oder Klimafragen werden so besser verstanden und bereiten damit auf den gesellschaftlichen Diskurs vor.

Methode - Mindmapping

Eine Mind-Map ist die Visualisierung von Gedanken oder von Arbeitsergebnissen. Dazu wird das zentrale Thema in die Mitte eines Blattes geschrieben. Um dieses herum werden die Fachbegriffe angeordnet. Dazu legt man Hauptstränge an und beschriftet sie. Davon ausgehend zieht man Nebenstränge, die ebenfalls beschriftet werden. So wird die Mind-Map nach und nach vervollständigt. Vieeeer, höchstens fünf Hauptstränge sind sinnvoll. Diese zentralen Überthemen zu finden, fällt vielen Schülern und Schülerinnen schwer. Die Struktur der Mind-Map richtet sich nach dem inneren Zusammenhang des Themas. Man kann eine Mind-Map mit einer Landkarte vergleichen. Von einem zentralen Punkt aus gehen Hauptstraßen ab, die in immer kleinere Straße verzweigen.

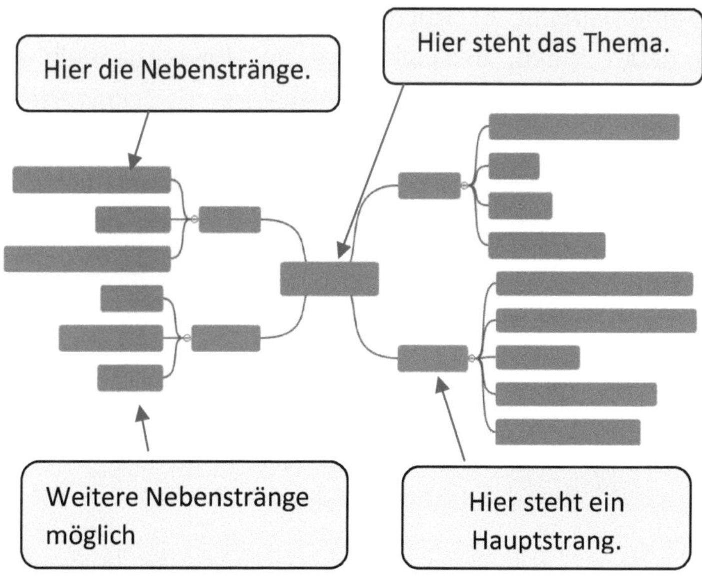

Aufbau einer Mind-Map

Der Einsatz einer Mind-Map lohnt sich zu Beginn eines neuen Themas. Dabei wird strukturiert, welche Aspekte bearbeitet werden sollen. Es bietet sich an, solche Mind-Maps auf Poster zu bringen. Sie können mit Farbe und Bildern untermauert werden. Die Poster werden ausgehängt, solange das biologische Thema unterrichtet wird. Die naturwissenschaftlichen Unterrichtseinheiten *Boden*, *Luft* und *Wasser* bieten sich wegen der vielen inneren Zusammenhänge an mit einer Mind-Map strukturiert zu werden. Man entwickelt dabei sozusagen eine Landkarte seiner Ideen. Auf der Basis der Mind-Map können Gruppen eingeteilt oder PowerPoint-Vorträge strukturiert werden.

Andere Mind-Maps werden erstellt, um einen komplizierten Text übersichtlich abzubilden. Hat man einmal eine Mind-Map zu einem schwierigen Text erstellt, bleibt die visuelle Darstellung lange im Gedächtnis. Mind Maps sind also gute Merkhilfen. Bei einem späteren Blick auf die Mind-Map sind die Inhalte des Textes leicht abrufbar. Mindmapping ist auch eine Kreativitätstechnik zum Entwickeln neuer Ideen, beispielsweise im Umwelthandeln zur Umgestaltung des Schulhofs, zum Entwickeln eines Schulgartens, oder auch, um Handlungsoptionen gegen den Klimawandel zu sammeln. Hier ist eine Mind-Map zu Umweltideen dargestellt:

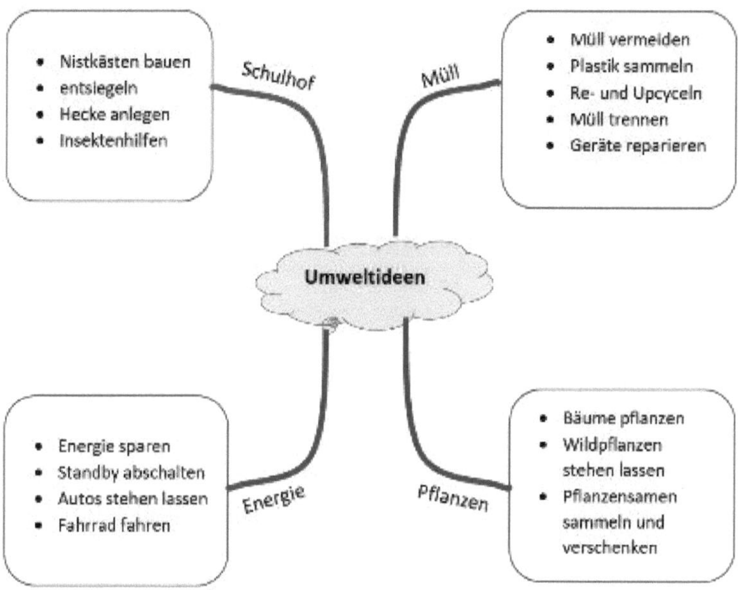

Mind-Map zu Umweltideen

Es ist auch üblich Mind-Maps online zu erstellen. Eine empfehlenswerte Internet-Adresse ist:

https://mind-map-online.de/.

Sie ist kostenfrei und hat eine selbsterklärende Nutzeroberfläche, ist einfach zu bedienen und kann heruntergeladen werden. Auch eine online-Zusammenarbeit von mehreren Rechnern aus ist möglich.

Kompetenzentwicklung. Mit Mindmapping lernen Schüler und Schülerinnen Themen und Texte zu strukturieren und komplexe Inhalte übersichtlich zu visualisieren. Sie entwickeln Kompetenzen, für andere ein Thema übersichtlich aufzubereiten. Mit der Erstellung von ansprechenden Mind-Maps wird das Erinnerungsvermögen aktiviert, was zu einem erhöhten

Verstehens- und Behaltenseffekt führt. Die Erstellung von Mind-Maps auf Plakaten in Kleingruppen fördert kooperative Fähigkeiten.

Methode – Mystery

Eigentlich gibt es genug Unterrichtsmethoden in der Biologie. Warum sollte man den Schülerinnen und Schülern noch ein Mystery anbieten?

Das Wort Mystery stammt aus dem Englischen und bedeutet Geheimnis oder Rätsel, das es zu lösen gilt. Mysterys haben als Ausgangspunkt eine ungewöhnliche, widersprüchliche Aussage wie etwa *Pazifische Austern sind eine beliebte Delikatesse und in der Nordsee sterben die Miesmuscheln* (eduki #1278008) oder *Wenn es viele Spitzmäuse gibt, überleben auch viele Blattläuse* (eduki #1278010). Oder der Lehrer gibt den Impuls als Frage: *Warum gibt es viele Blattläuse, wenn reichlich Spitzmäuse vorhanden sind?* Zwei Aspekte stehen anscheinend im Widerspruch zueinander. Sie lösen einen klassischen kognitiven Konflikt bei Schülern und Schülerinnen aus. Wie in einem Krimi sollen beim Mystery Querverbindungen und Beziehungen hergestellt werden, um das Rätsel zu lösen.

Das Mystery ist eine motivierende Unterrichtsmethode. Schülerinnen und Schüler werden auf die detektivische Suche nach Zusammenhängen geschickt. Mysterys sind für den Biologieunterricht gut geeignet, um Vorwissen zu aktivieren oder vernetztes Denken und den Aufbau von Problemlösefähigkeiten zu fördern. Dieser Aspekt tritt beim *Mystery Infektionskrankheiten durch Zeckenstich* (eduki #1293870) deutlich hervor, denn Zeckenstiche an sich sind harmlos. Es wird aber komplizierter, wenn Zecken Krankheitsüberträger für Borreliose oder die FSME enthalten. Ausgangspunkt sind Alltagssituationen.

Mysterys können zum Einstieg in ein neues Themengebiet, zur Erarbeitung von Fachinhalten oder zur Wiederholung und

Vertiefung von bereits erworbenem Wissen eingesetzt werden. Beim *Mystery Ernährungsweisen* (eduki #1294863) beispielsweise werden drei Personen vorgestellt, die sich unterschiedlich ernähren. An ihren Aussagen sollen Schülerinnen und Schüler erkennen, welche der drei Ernährungsformen – mit Fleisch, vegetarisch oder vegan –sie verfolgen. Hier geht es um Alltagssituationen, bei denen Wissen anwendungsbezogen abgerufen werden muss. Dieses Mystery hat seinen Platz in einer Festigungsphase nach Erarbeitung von Ernährungswissen. Da zeigt sich, ob die Schülerinnen und Schüler träges Wissen, also nicht anwendungsfähiges Wissen, aaangesammelt haben oder ob sie mit ihrem Wissen im Alltag zurechtkommen.

Ablauf. In der Regel wird ein Mystery in Gruppenarbeit bearbeitet. Die Lehrkraft gibt Kärtchen aus, die er oder sie zuvor für jede Gruppe ausgeschnitten hat. Auf den Mystery-Karten stehen Informationen ungeordnet zu dem Thema. Es muss viel Text gelesen werden. Die Schülerinnen und Schüler erhalten den Auftrag, diese inhaltlich zu ordnen und dann Beziehungen zwischen den Fakten herzustellen. Nun beginnt die Erarbeitungsphase des Mysterys. Dabei bleibt es der Gruppe überlassen, ob jeder für sich liest oder alle Informationen auf den Kärtchen gegenseitig vorgelesen werden. Dabei können in der Kleingruppe schon Fragen gestellt, Inhalte ausgetauscht und Ungereimtheiten geklärt werden. Jede neue Information wird diskutiert und eingeordnet. So findet eine tiefgreifende Auseinandersetzung mit dem Thema statt. Dann werden die Texte in eine fortlaufende und logische Reihenfolge gebracht. Auch das geschieht bei regem Austausch über unterschiedliche Vorschläge. Daher dauert die Erarbeitungsphase recht lange. Man muss in jedem Fall eine halbe Stunde dafür ansetzen. Wenn sich die Gruppe geeinigt hat, werden die Kärtchen auf ein Poster geklebt. Danach können gemeinsam Querverbindungen gezogen und beschriftet werden. Für das genannte Beispiel *Pazifische Austern sind eine beliebte Delikatesse und in der Nordsee sterben die Miesmuscheln* beschäftigen sich die Schülerinnen und Schüler mit den Folgen der Einschleppung von Arten in ein fremdes Ökosystem. Dabei müssen sie die Populationsentwicklung der Pazifischen Auster und der Miesmuschel nachzeichnen. Sie setzen sich somit mit dem komplexen Ökosystem des Wattenmeeres und dem speziellen Fall invasiver Arten auseinander. Zum Abschluss präsentiert die Gruppe den übrigen Klassenmitgliedern ihre Ausführung zu dem Thema. Die Mystery-Aufgaben sind ergebnisoffen. Daher unterscheiden sich die Gruppenergebnisse. Daraufhin beantworten alle gemeinsam im Plenum die Ausgangsfrage. Abschließend findet eine Reflexion über die Methode statt. Die Methode bewirkt eine hohe Schüleraktivität. Die Lehrkraft unterstützt den Lernvorgang moderierend.

Differenzierungsmöglichkeiten sind gut einzubauen. Für langsame Lerner kann die Anzahl der Informationskärtchen reduziert werden. So könnten Lernschwache im *Mystery Ernährungsweisen* nur zwei Ernährungsweisen bearbeiten. In dem Fall sortiert die Lehrkraft ein Drittel der Karten für die betroffene Gruppe vorher aus, denn leseschwache Lerner benötigen mehr Zeit für das Verstehen der Karteninhalte. Für gut Lernende hingegen wird das Kartenmaterial erweitert. So könnten die besser Lernenden Rechercheaufgaben erhalten, etwa über weitere invasive Arten im Wattenmeer. Auch weitergehende Vorschläge zur Lösung der durch invasive Arten bedingten Probleme sollten von ihnen zusammengetragen werden.

Im Mystery *Warum gibt es viele Blattläuse, wenn reichlich Spitzmäuse vorhanden sind?* müssen die Schülerinnen und Schüler die Informationen auf den Kärtchen genau lesen, um zu verstehen, wovon sich die einzelnen Arten ernähren. Das Lösen des Mysterys geschieht durch das Vernetzen der auf den Kärtchen dargestellten

Nahrungsbeziehungen. Am Ende ihrer Gruppenarbeit steht ein Nahrungsnetz. Sie kleben die Kärtchen auf ein Poster. Daraus können sie ablesen, wie die Eingangsfrage ohne Widerspruch zu beantworten ist.

Kompetenzentwicklung. Die Mystery-Methode ist Gruppenunterricht. Darin entwickeln Schülerinnen und Schüler ihre kommunikativen Kompetenzen weiter, denn sie organisieren sich in der Gruppe, fällen gemeinsam Entscheidungen und helfen sich gegenseitig.

Die Lesekompetenz der Lernenden wird gefördert, denn innerhalb der Gruppe müssen sie viel lesen und diskutieren, in welche Reihenfolge die Textabschnitte gestellt werden. Das erfordert viel Textverständnis. In der Gruppe tauschen sich die Schüler und Schülerinnen intensiv über das zu lösende Rätsel aus. So entwickeln sie Zusammenhangswissen an einem authentischen Problem. Dabei lernen sie, unterschiedliche Perspektiven auf das Thema einzunehmen.

Methode - Fischbowl

Die Fishbowl-Methode dient dem Einüben von Diskussionen. Das Wort Fishbowl stammt von einem runden Fischaquarium, um das man außen herum steht und beobachtet. Entsprechend bildet man bei einer Fishbowl-Diskussion zwei Stuhlkreise, einen Innen- und einen Außenkreis. Eine kleine Gruppe von Teilnehmern im Innenkreis diskutiert über das vorgegebene Thema. Die übrigen Teilnehmer sitzen im Außenkreis und fungieren als Beobachter. Die Diskussion wird von einem Moderator geleitet. In unteren Klassenstufen ist das meist der Lehrer oder die Lehrerin. Später können ein Schüler oder eine Schülerin die Rolle des Moderators übernehmen.

Ein Platz im Innenkreis sollte frei bleiben, damit jemand aus dem Außenkreis ihn einnehmen und spontan mitdiskutieren kann. Das bringt noch einmal frischen Wind in die Diskussion. Er oder sie sollte dort solange bleiben, bis er alles gesagt hat. Dann kehrt er zurück in den Außenkreis und ein anderer Lernender kann den Platz einnehmen und einen Beitrag leisten.

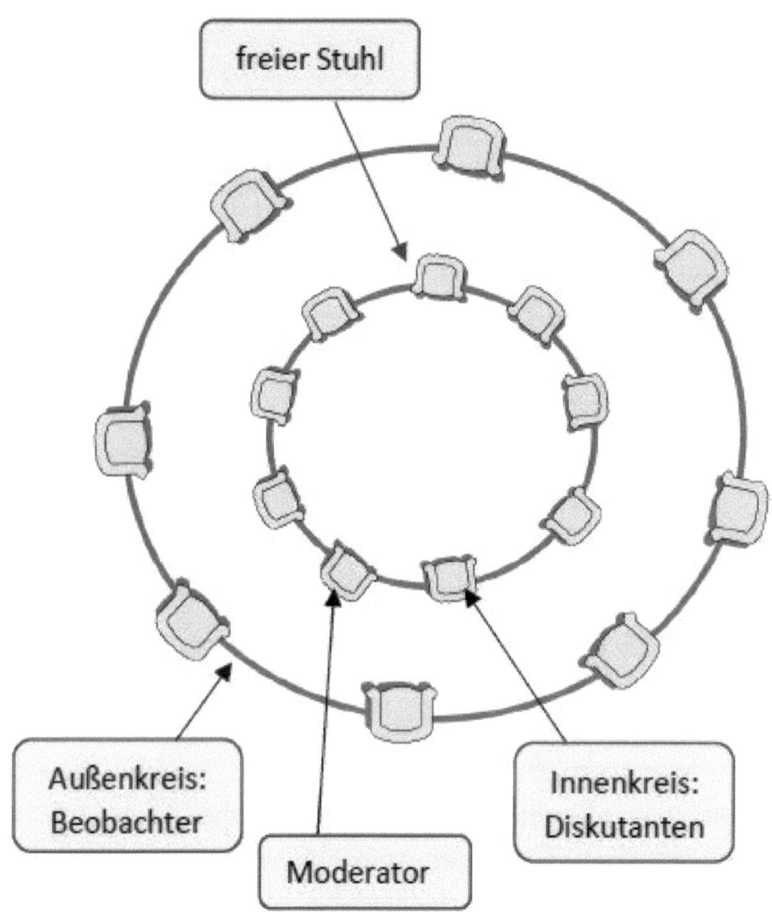

Fishbowl-Diskussion

Die Beobachter im Außenkreises verfolgen die Diskussion genau. Sie achten darauf, dass wirklich am Thema diskutiert wird und inwieweit die Mitschüler Argumente für ihre Ansicht liefern und nicht nur Behauptungen aufstellen. Eine andere Beobachtungskategorie ist das angemessene Verhalten der Diskutanten, etwa ob sie höflich bleiben und andere nicht beleidigen. Die Beobachter erhalten ein Arbeitsblatt mit Kriterien guten Diskutierens und einer Stufung zwischen + und – zum Ankreuzen. So können sie sich während der Diskussion Notizen machen. Anschließend wird vom Außenkreis ein Feedback zur Diskussion und zur Diskussionsführung gegeben. Am Ende der Rückmeldung stehen Verbesserungsvorschläge. Wenn noch Zeit verbleibt, können Schüler und Schülerinnen aus der Außenrunde in den inneren Stuhlkreis gehen und noch einmal über dasselbe Thema diskutieren. In dieser Runde werden das Argumentieren und das Miteinander verbessert sein. Es kann auch eine andere Zweiteilung gewählt werden:

- Erste Diskussionsrunde: aus der Perspektive einer vorgegebenen Rolle diskutieren
- Zweite Diskussionsrunde: freie Diskussion, in der die eigene Meinung geäußert wird.

In einer Fishbowl-Runde zu diskutieren ist übersichtlicher als im ganzen Klassenverband. Die Diskussion läuft strukturierter und übersichtlicher ab und es besteht durch die Beobachter die Möglichkeit Diskussionsverhalten einzuüben und zu verbessern. Die Fishbowl-Methode bietet schwächeren Lernern die Möglichkeit sich an der Diskussion zu beteiligen, denn die kreisförmige Anordnung und die kleinere Gruppe ermöglicht besondere Achtsamkeit während der Diskussion.

Lernchancen. Was können Schüler und Schülerinnen mit Hilfe dieser Methode lernen? Sie erwerben die Fähigkeit, eine eigene Meinung zu äußern. Darüber hinaus diskutieren sie kontrovers das Für und Wider eines gesellschaftlich relevanten Themas, zum

Beispiel die Diskussion über gentechnische Veränderung von Pflanzen oder die Winterfütterung von Vögeln oder das Kastaniensterben. Eine Fishbowl-Diskussion erleichtert ihnen Argumente für ihre Meinung anzuführen. Gerade für jüngere Schüler und Schülerinnen stellt das Argumentieren eine besondere Schwierigkeit dar. Als Hilfestellung werden vorbereitete Argumente benutzt, die sie entweder selbst zusammenstellen oder aus Texten herausarbeiten oder sie wählen einfach aus vorgegebenen Argumentationen die für sie passenden aus, wie sie beispielsweise im Material *Projekt Energie: fossile und erneuerbare Ernergieformen* (Eduki, #398657) vorgegeben sind. Die Methode bietet auch zurückhaltenden Teilnehmern eine Chance, ihre Erfahrungen und Ideen einzubringen und selbst zu argumentieren.

Fishbowl-Rollenspiel. Bei einem Rollenspiel, das eine Fishbowl-Diskussion enthält, gibt es eine Dreiteilung des Vorgehens:

- Vorbereitung der Inhalte und der Argumente
- Durchführung der Diskussion
- Bewertung des Rollenverhaltens

Bei diesem Vorgehen befassen sich die Lernenden zuerst mit den Inhalten eines gesellschaftlich relevanten Themas. Sie lesen Texte und ziehen daraus mögliche Argumente. Im zweiten Schritt setzen sich die Schüler und Schülerinnen in zwei Stuhlkreise. Die diskutierenden Schüler und Schülerinnen nehmen eine vorgegebene Rolle ein und vertreten diese überzeugend, indem sie aus der Rollenperspektive argumentieren.

Im letzten Schritt treten die Beobachter in Aktion. Sie geben positives und negatives Feedback. Als letztes reflektieren sie das Rollenspiel.

In der Biologie gibt es viele gesellschaftlich relevante Themen, die bewertet werden müssen und über die eine Diskussion eingeübt werden sollte. Da wären Umweltprobleme wie verschmutztes Wasser, das Plastikproblem, der Klimawandel, die nachhaltige Nutzung von Energie, gesunde Ernährung, Erhalt der Artenvielfalt und viele andere anstehende Probleme. Das möchte ich am Beispiel der Nutzung von Energieformen erläutern. Im ersten Schritt beschäftigen sich die Lernenden mit verschiedenen Energieformen und ihren Vor- und Nachteilen. Dann sammeln sie Argumente für „ihre" Energieform im gesellschaftlichen Kontext, um anschließend aus verschiedenen Perspektiven über das Thema zu diskutieren. Für den Erwerb von Bewertungskompetenz bietet es sich an, die Schüler einen gesellschaftlichen Diskurs nachspielen zu lassen, bei dem sie über die Energieversorgung eines fiktiven Ortes debattieren. Dabei spielen die Schüler zunächst die Rolle eines politisch Verantwortlichen und müssen eine Energieform vertreten. Sie lernen dabei Perspektivübernahme anderer Ansichten, was eine wichtige Teilkompetenz der Bewertungskompetenz ist. Über Beobachter erhalten sie Rückmeldung darüber, wie sie „ihre" Energieform verteidigen. In einer zweiten Runde können sie ihre eigene Meinung über eine selbst gewählte Energieform vertreten. Damit alle Schüler und Schülerinnen aktiviert werden, geht der Außenkreis nun in die Mitte und diskutiert. Im Folgenden wird ein Beispiel gezeigt, welche Perspektiven eingenommen werden können. In dem Material sind Argumente enthalten, die die Schüler und Schülerinnen durchsuchen können, nutzbare Argumente ausschneiden und sie in der Diskussion als Unterstützung verwenden.

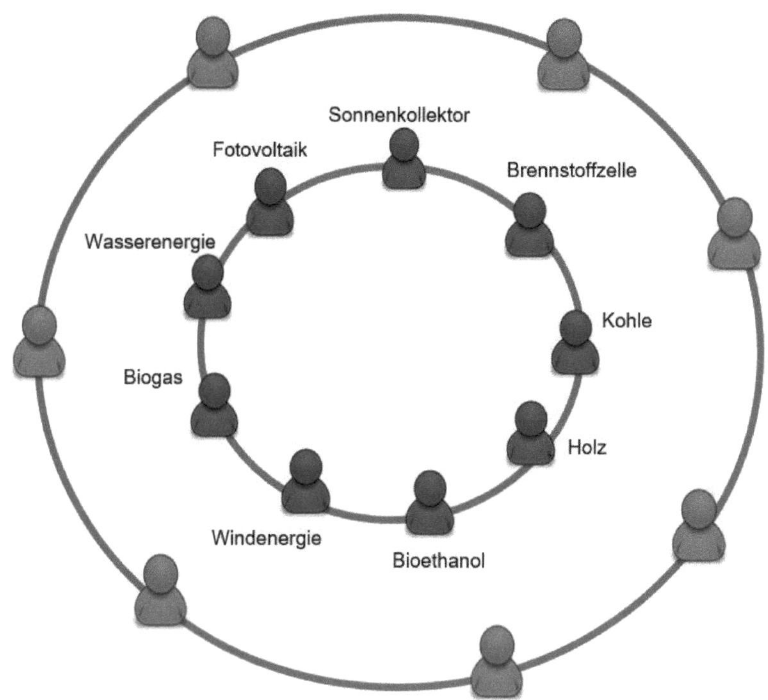

Fishbowl-Diskussion über Energieversorgung

Hier ist ein Auszug aus vorbereiteten Argumenten dargestellt:

> Der Energieträger wächst nach.

> Der Energieträger ist CO_2-neutral.

> Der Energieträger produziert Kohlenstoffdioxid.

Vorbereitete Argumentationskarten

Eine andere Diskussion, die die Entwicklung von Bewertungskompetenz fördert, ist die Wolfsdebatte (*Gruppenpuzzle*

Wolfsdebatte, eduki #1048239). Auch das *Gruppenpuzzle Gentechnische Anwendungen,* eduki #533266, kann einer Fishbowl-Diskussion vorgeschaltet werden. Dabei suchen die Schüler und Schülerinnen selbst nach Argumenten für oder gegen gentechnische Veränderungen. Sie lernen zwischen fachlichen und ethischen Argumenten zu differenzieren. Ein Sachurteil wird vor dem Hintergrund fachlicher Kriterien gefällt. Zu einem Werteurteil gelangt man auf Basis gesellschaftlicher Werte und Normen. Solche durch eine Fishbowl strukturierte Diskussionen bereiten die Lernenden auf die Teilhabe an gesellschaftlichen Entscheidungsprozessen vor.

Kompetenzentwicklung in Bewertung und Diskussion. Unter Bewertungskompetenz versteht man die Fähigkeit, sowohl fachlich als auch auf ethischen Argumenten basierend zu argumentieren. Zur Bewertungskompetenz gehört auch die Perspektivübernahme anderer Argumentationen als der eigenen. Schließlich soll eine Bewertung über eine innerfachliche Beurteilung von naturwissenschaftlichen Aussagen hinausgehen, um am gesellschaftlichen Diskurs teilzunehmen. Als erstes muss die Kompetenz, eine geordnete Diskussion zu führen, erworben werden. Dazu gehört, dass die Lernenden sich nicht anschreien oder gegenseitig beleidigen oder Einzelgespräche nebenher führen oder ins Wort fallen. Eine ganz wichtige Fähigkeit besteht darin, Argumente für seine Meinung anzuführen. Sonst bleibt sie als Behauptung im Raum stehen. Außerdem wird die Betrachtung von Sachverhalten aus verschiedenen Perspektiven, vielleicht konträrer Meinungen, erwartet. Dies kann besonders gut mithilfe der Methode Fishbowl geübt werden. Für die weitere Entwicklung von Bewertungs-kompetenz ist es wichtig, zwischen persönlichen, sachlichen und ethischen Argumenten zu unterscheiden. Während ein Sachargument bezüglich gentechnischer Veränderungen an Lebewesen ist, dass man unvorhergesehene Übertragungsmöglichkeiten ausschließen sollte, besteht ein ethisches Argument darin, dass man in von Gott geschaffene Lebewesen grundsätzlich nicht eingreifen darf. Schließlich erweitern Schüler und Schülerinnen ihre Kompetenzen im Bewerten, indem sie Möglichkeiten und Grenzen biologischer Sichtweisen erkennen und reflektieren.

Methode – Lernen an Stationen

Lernen an Stationen ist eine Methode, bei der Schülerinnen und Schüler an vorbereiteten Lernangeboten selbstständig lernen. Diese Materialien werden in Stationen angeordnet. Häufig gibt es fünf bis sieben Lernstationen, vom Lehrer vorbereitet und mit klaren Instruktionen – meistens liegen Arbeitsblätter aus. Schüler und Schülerinnen bewältigen diese Lernstationen eigenständig und im eigenen Tempo in Gruppen oder Tandems. Diese Lernform dient der Einübung selbständigen Lernens. Aber Schüler und Schülerinnen können hierbei nicht an der Organisation, der methodischen Durchführung oder der inhaltlichen Gestaltung mitentscheiden. Daher ist der Grad der Unterrichtsöffnung als eher gering einzuschätzen. Bei vielen Stationslernen ist es egal, mit welcher Station man beginnt. Schüler und Schülerinnen starten mit einer Station und enden dort wieder. Daher wird diese Lernform auch als **Lernzirkel** bezeichnet. Stationenarbeit bzw. Lernzirkel werden von vielen Pädagogen als wichtige Vorform für Projektarbeit angesehen, da hier bereits die eigenständige Lernorganisation geübt wird. Leider werden die beiden Unterrichtsformen auch miteinander vermischt oder gleichgesetzt.

An jeder Lernstation bearbeiten Lernende einen Teilaspekt des Gesamtthemas. In der Regel wird zwischen Pflicht- und Wahlthemen unterschieden. Also sind beispielsweise fünf Lernstationen Pflicht für alle Schülerinnen und Schüler, gibt man zwei zusätzliche Stationen für die schnellen und eine schwierige Extra-Station für lernstarke Schüler und Schülerinnen. So kann beim Stationenlernen gut binnendifferenziert werden. Jeder Lernende kann in seinem eigenen Tempo vorankommen.

Durchführung. Als erstes werden die Stationen vorbereitet. Da der Aufwand nicht gering ist, ist es empfehlenswert, gemeinsam mit anderen Biologiekollegen die Stationen aufzubauen und sie immer wieder zu verwenden. Gut wäre es, Stellschilder mit den Stationen-Namen oder -Nummern aufzustellen.

Lernstation 1 Wasser im Boden

Lernstation 2 Zusammensetzung des Bodens

Lernstation 3 Filterwirkung des Bodens

Als nächstes werden die Aufgaben gestellt. Entweder sollen kleine Versuche durchgeführt, eine Beobachtungsaufgabe oder ein Untersuchungsauftrag durchgeführt werden oder Texte sollen gelesen werden. Auch ein Laufzettel wird ausgeteilt, auf dem die Stationen gelistet sind und die Schüler und Schülerinnen abzeichnen, wenn sie die Stationsaufgabe erfüllt haben. Die Schüler und Schülerinnen werden in Kleingruppen eingeteilt oder sie finden sich selbst zu Teams zusammen. In diesen Teams bearbeiten sie gemeinsam eine Station nach der anderen. Für die Motivation ist es günstig, die Aufgabenformate von Station zu Station zu variieren. Nehmen wir das Beispiel Zellen. An Station 1 steht ein Mikroskop zum Betrachten von Zellen, an Station 2 gibt es eine Leseaufgabe zur Historie der Zellentdeckung, an Station 3 die Beschriftung einer Zelle mit Fachbegriffen und dann an Station 4 ein Rätsel zu Begriffen der Cytologie. Die letzte Station besteht aus einer Lernkontrolle. Die

Aufgaben und Informationen sollten so gestellt werden, dass es egal ist, an welcher Station die Gruppe beginnt. Die anderen Gruppen starten mit einer anderen Station. So wird der Raum gut aufgeteilt und alle Schülerinnen und Schüler finden Platz zum Lernen. Für eigenständiges Lernen ist es auch wichtig, Lösungen zur Selbstkontrolle auszugeben. Vielleicht sollten diese auf dem Lehrertisch ausliegen.

Binnendifferenzierung. Ganz wichtig sind Differenzierungsmaßnahmen, die sich an Stationenlernen gut einbauen lassen. Je nach Heterogenität der Lerngruppe geben Sie Texte in unterschiedlichem Schwierigkeitsgrad oder unterschiedlicher Länge ein. Einige Fachbegriffe werden schwachen Lernern erspart und vielleicht können eine oder zwei Lernstationen für sie entfallen. So wird das unterschiedliche Lerntempo ausgeglichen. Schließlich sollen ja alle Schüler und Schülerinnen zu einem Ende kommen. Bei dem Stationenlernen schafft sich der Lehrer oder die Lehrerin Freiräume, um einzelne Schülerinnen oder Schüler zu beobachten und zu unterstützen oder um in Ruhe den Lernprozess zu bewerten. Einige benötigen vielleicht noch weitergehende Unterstützung, um die Aufgaben zu verstehen, die Arbeitsblätter richtig auszufüllen oder einen Versuch aufzubauen und vielleicht richtig auszuwerten. Während die anderen Schüler und Schülerinnen an den Lernstationen arbeiten, kann man als Lehrkraft Einzelnen eine ganz individuelle Förderung zukommen lassen.

Kompetenzziele. Stationenlernen zeichnet sich zwar durch eine starke Strukturierung aus. Aber mit diesem Hilfsgerüst erwerben Schülerinnen und Schüler Kompetenzen im eigenständigen Lernen, was ein wichtiger Schritt auf dem Weg zum selbstgesteuerten und damit lebenslangen Lernen ist. Sie müssen sich die Zeit einteilen, denn es gibt eine klare Vorgabe, wann die Lernarbeiten beendet sein sollen. Sie können Hilfe bei anderen Gruppenmitgliedern oder bei der Lehrkraft suchen. Zudem müssen sie ihren Lernprozess über einen längeren Zeitraum selbst dokumentieren, also Antworten, Texte, Begriffsbestimmung und die Lernkontrolle archivieren. Gleichzeitig erwerben sie kooperative Fähigkeiten, denn in der Regel bearbeiten sie die Lernstationen in Kleingruppen.

Einen Teil des Lernprozesses selbst zu steuern, löst bei Schülern und Schülerinnen eine hohe Motivation aus. Sie lernen gern einmal selbstständiger als es normalerweise im Klassenraum möglich ist. Allerdings muss man etwas Chaos in Kauf nehmen, denn Schüler und Schülerinnen laufen im Klassenraum herum. Man kann durch eine sehr gute Vorbereitung der Materialien und einen klar strukturierten Ablauf Ruhe in die Stationsarbeit bringen. Hängen Sie am besten auf Postern groß geschrieben aus, wann begonnen wird, wann das Stationenlernen endet, ob zu Hause gearbeitet werden soll und wie man sich bei Gruppenarbeit verhält. Bieten Sie auch Rückzugsorte für lärmempfindliche Schülerinnen und Schüler an.

Methode - Projektunterricht

Begriff. Projektunterricht steht dem lehrgangsmäßigen Unterricht gegenüber. Zentral für ein Projekt ist die umfassende Bearbeitung eines zusammenhängenden Sachthemas oder Problems. Viele Projekte führen zu einem deutlich sichtbaren Produkt. Am Anfang werden gemeinsam von Lehrern und Schülern Ziele festgelegt. Die selbsttätige Erarbeitung des neuen Wissensgebiets oder eines Problems erfolgt arbeitsteilig aus verschiedenen Perspektiven und auf unterschiedlichen Lernwegen. Das Thema wird in seiner Struktur so, wie es in Wirklichkeit besteht, erforscht. Das heißt, das Gesamtthema wird nicht in kleinere didaktische Einheiten seziert. Allerdings gehen die klassischen naturwissenschaftlichen Themenfelder wie Boden, Luft und Wasser schnell über die Fächergrenzen hinaus. Projekte orientieren sich an den im Themengebiet liegenden Zusammenhängen, und nicht an schulischen Fächereinteilungen. Natürlich gibt es auch Biologie interne Projekte wie die Bestandsaufnahme von Bäumen oder Vögeln auf dem Schulhof. Am Ende eines Projekts tragen alle Teilnehmer und Teilnehmerinnen ihr neu gewonnenes Wissen in einer Präsentation zusammen. Häufig entsteht ein Produkt am Ende: ein Lehrpfad Boden, eine Klimaaktion, selbst hergestelltes Sauerkraut oder auch eine Beurteilung der Wasserqualität eines Bachs. Projekte haben einen starken Alltagsbezug. Hier ist das Ablaufschema eines typischen Projekts abgebildet:

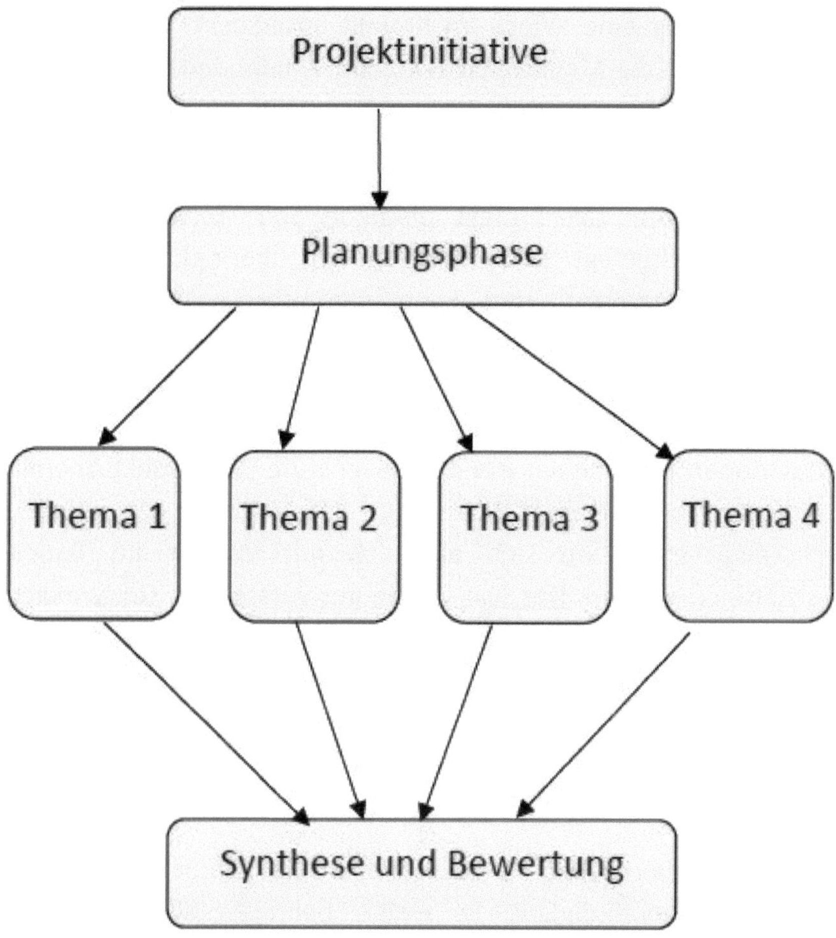

Ablaufschema eines Projekts

In der **Projektinitiative** planen Lehrer und Schüler gemeinsam, wie sie vorgehen. Ursprünglich war mit dem Begriff Projekt verbunden, dass auch das Thema frei von allen Beteiligten bestimmt wird. Das ist in Schule nur schwer möglich, da es ein Curriculum gibt, das inhaltlich eingehalten werden muss. Schließlich soll Projektunterricht ja ein Teil des Unterrichts sein und nicht isoliert außerhalb des Curriculums am Ende eines Schuljahres stehen. Man kann aber entscheiden, ob man in Ökologie einen Bach, ein Hochmoor oder eine Wiese im Projekt untersucht. Beim Thema *Boden* hat man die Möglichkeit zwischen Waldboden, Schulgarten, Wiesenboden oder Kalkgrubenboden zu wählen.

In der **Planungsphase** entscheiden Lehrkräfte und Lernende gemeinsam, wie das Projekt ablaufen soll. Termine werden verbindlich festgelegt. Es wird zusammen überlegt, wer welche Aufgaben übernimmt. Hier kann der Lehrer allerdings eine Steuerung im Hintergrund leisten, wenn beispielsweise lernschwache Schüler und Schülerinnen ein schwieriges Teilthema bearbeiten wollen. Beispielsweise haben nur wenige lernstarke Schülerinnen und Schüler der 6. Klassenstufe den Aspekt Chemie des Bodens beim *Projekt Boden* gewählt, während die meisten Lernschwächeren von sich aus sich mit Wasser im Boden beschäftigen wollten. Das war für sie gut vorstellbar. Um wirklich den Interessen der Lernenden zu folgen, ließ ich einfach zwei Wassergruppen und zwei Regenwurmgruppen zu. Die Lernenden haben ein feines Gespür dafür, ob sie echte Entscheidungsfreiheit haben. Für ihre Modtivation ist es bedeutsam, dass sie tatsächlich selbst und interessegeleitet wählen können.

Manchmal überblicken Schülerinnen und Schüler nicht die inhaltliche Notwendigkeit. So wollte beim Projekt Hochmoor niemand eine Pollenanalyse durchführen. Warum nicht? Die Lernenden kannten diese naturwissenschaftliche Methode nicht. Also wählte das auch niemand. Ich habe daraus geschlossen, dass erst der ganze Oberstufenkurs einmal eine Pollenanalyse machte, bevor gewählt wurde (*Projekt Hochmoor*, eduki #649196). Danach fand sich eine Kleingruppe, die das Thema interessant fand. Also bei einem schulischen Projekt muss immer bedacht werden, dass Schülerinnen und Schüler sich Methoden und Inhalte nicht vorstellen können, weil ja praktisch jedes Thema Neuland für sie ist.

Arbeit in Teams. Nun folgt die längste Phase des Projektes, die selbsttätige Bearbeitung von Teilthemen in Kleingruppen. Wenn man denkt, die Schüler und Schülerinnen fänden sich interessegeleitet zusammen, dann stimmt das nur zum Teil. Sie wählen auch nach Freundschaften. Das war für mich immer in Ordnung, denn schließlich sollen sie über einen längeren Zeitraum kooperativ zusammenarbeiten. Das funktioniert am besten in vertrauten Lerngemeinschaften. In dieser Phase arbeiten Schüler und Schülerinnen in sehr unterschiedlicher Weise. Das möchte ich am Beispiel Gewässeruntersuchung eines Bachs verdeutlichen (*Projekt Bach – Untersuchung eines Fließgewässers*, eduki #677612). Während eine Gruppe Tiere im Wasser bestimmt, also ein Thema aus der Zoologie bewältigt, beschäftigt sich eine weitere Gruppe – meist eine kleine Gruppe – mit Uferbewuchs und Pflanzen im Wasser. Sie ist also botanisch unterwegs. Ohne den Flusslauf zu kennen, kann das Vorhandensein von Arten kaum erklärt werden. So ist eine Gruppe für den Verlauf der Uferlinie und der Fließgeschwindigkeit des Wassers verantwortlich. Dann fehlen noch die chemischen Parameter des Gewässers wie Nitrat-Gehalt, pH-Wert und Sauerstoff-Gehalt, die ebenfalls den Artbestand mitbestimmen. Die vielen Messungen, die hierfür vorgenommen werden, können gut in verschiedene Gruppen aufgeteilt werden. So kann eine Extra-Gruppe die Sauerstoffmessung übernehmen. Oder man unterteilt zwischen physikalischen und chemischen Messgrößen. An dieser Aufteilung erkennt man, dass die Teilaspekte durch die natürliche Struktur des Ökosystems Bach gegeben sind, nicht auf Grund von didaktischen Erwägungen. In dieser Phase divergieren Methoden und Lernwege der Teams erheblich. Für Lehrer und Lehrerinnen, die zum ersten Mal ein Projekt durchführen, erscheint das recht ungewöhnlich, denn die Lernenden erwerben unterschiedliche Kompetenzen und erweitern ihr Wissen an unterschiedlichen Inhalten. In der Abbildung sind die Teilthemen einer Gewässeruntersuchung zusammengestellt.

Aufteilung einer Gewässeruntersuchung in Themen

In der **Synthesephase** kommen alle Klassenmitglieder wieder zusammen. Die Teams stellen sich zuerst gegenseitig alle herausgefundenen Ergebnisse vor, damit alle Beteiligten sich einen Überblick über die Ergebnisse aller Gruppen verschaffen können. Dafür müssen sie während der selbstständigen Phase gut dokumentieren. In dieser Vorstellungsrunde ist es wichtig, dass nicht langweilige Vorträge gehalten werden, sondern entweder eine Poster-Ausstellung oder Vorführungen vorgenommen werden oder mit Hilfe einer Graf-Iz das Vortragen strukturiert wird. Abschließend erfolgt die Bewertung aller Einzelergebnisse oder eine gemeinsame Aktion (Bäume pflanzen, Schulhof umgestalten, Gewässer-Bewertung an Naturschutz-Behörde übergeben oder Klima-Aktionen). Eine abschließende Reflexion des Projektverlaufs greift auf, was gut gelaufen und was nicht so gut gelaufen ist, sodass das nächste Projekt verbessert in Angriff genommen werden kann. Bei einer Gewässeruntersuchung ist als Produkt die Bewertung der Gewässergüte entstanden. Die Ergebnisse der Gewässeranalyse können Stadtgremien, Behörden oder Umweltverbänden übergeben werden. Und schon stehen die Projektteilnehmenden im Alltagsleben und nehmen am gesellschaftlichen Leben teil. Wenn man den Projektverlauf noch einmal insgesamt betrachtet, kann man feststellen, dass ein Projekt dem Ablauf einer komplexen Handlung entspricht. Beim Projektunterricht handelt es sich also um eine große, komplexe Handlung, die viele Einzelhandlungen erfordert. In einem solchen Handlungsablauf sind mehrere **lernwirksame Dimensionen** angelegt. Das sind die Handlungsorientierung, das selbstgesteuerte Lernen, die kooperative Zusammenarbeit und das Interesse geleitete Lernen. Diese Dimensionen sollen noch einmal einzeln dargestellt werden:

Handlungsorientierung. Zentral für Projektunterricht ist die Handlungsorientierung. Statt den Darbietungen des Lehrers zuzuhören, Lückentexte auszufüllen und Versuche im Schulbuch nachzulesen, gilt es im Projektunterricht, sich handelnd mit dem Lerngegenstand auseinanderzusetzen, denn nach der Projekt-Theorie wird im Handeln erfahrungsbasiert neues Wissen aufgebaut. Handeln darf natürlich nicht aus leeren Aktivitäten bestehen, sondern gemeint sind Handlungen, mit deren Hilfe ganz spezifisch Fachinhalte verstanden werden können. Das heißt, Boden sollte angefasst und gefühlt werden (siehe Projekt *Boden*, eduki #332548). Dass Luft nicht nichts ist, kann durch mehrere Experimente entdeckt und verstanden werden (siehe *Projekt Luft*, eduki #377953). Energie sollte von Schülerinnen und Schülern selbst mit Hilfe von Solarzellen oder Wind umgewandelt werden. Auch der biologische Aspekt der Energieumwandlung von Sonnenlicht zu Glucose gehört hierher (*Projekt Energieformen*, eduki #398657). Wie Lebensmittel haltbar gemacht werden, wird am besten durch eigenes Tun, also durch ein selbst konserviertes Nahrungsmittel (Projekte *Mikroorganismen in der Küche*, eduki #386963) gelernt. Gute naturwissenschaftliche Projekte enthalten viele Handlungsmöglichkeiten. Dabei dienen die Erkenntnismethoden wie Experimentieren, Modellieren, Beobachten und Untersuchen als Handliungen und sind gleichzeitig Werkzeuge des Lernens. Handlungsorientierung ermöglicht eine hohe aktive Lernzeit. Vor allem eigenes Handeln fördert die in den Curricula als Lernstandards festgeschriebenen Handlungskompetenzen.

Selbstgesteuertes Lernen. In Projekten lernen Schülerinnen und Schüler über weite Strecken selbsttätig und möglichst auch selbstgesteuert. Unter Selbststeuerung versteht man die Fähigkeit das eigene Lernen zu organisieren und zu steuern und die Kompetenz komplexe Probleme zu lösen. Für das Gelingen von Projekten ist es ganz wichtig, den Schülerinnen und Schülern wirkliche Entscheidungsfreiheit zu geben. Man sollte also nicht, wenn Schüler oder Schülerinnen etwas über Umwege denken oder durchführen, gleich eingreifen oder zu früh verbessern. Oder die Entscheidung eines Lernenden für ein Thema wird revidiert, weil man als Lehrer das Gefühl hat, dass er dies nicht schaffen würde. Man muss ihnen die Freiheit zu autonomem Lernen gewähren, das auch scheitern implizieren kann.

Außerdem sollten die Projektmaterialien so gestaltet sein, dass Schüler und Schülerinnen sich den Lernstoff tatsächlich selbst erarbeiten können. Dafür benötigen sie Erklärungen, die die Lernvoraussetzungen der Lerngruppe berücksichtigen. In der Eduki-Reihe Projekte (*Boden, Luft, Bach, Hochmoor, Mikroorganismen* und *Energie*) ist jeder Aktivität – meistens Experimenten – eine Erklärung angefügt, sodass Schülerinnen und Schüler die Versuche auch eigenständig auswerten können. In Schulbüchern findet sich oft nur eine kurze Notiz. Nach den Erklärungen fällt es ihnen leichter vielleicht im Internet weiter zu recherchieren. Die Versuchsaufbauten müssen einfach und sicher sein, damit sie für Schüler und Schülerinnen selbst handhabbar sind. Es dürfen also keine anspruchsvollen Lehrerexperimente an Schülerhand gegeben werden, denn nur wenn die Lernenden ihre Aufträge selbstständig erfüllen können, setzt bei ihnen Kompetenzerleben ein. Insgesamt kommt das hohe Maß an Selbstbestimmung zwei Bedürfnissen nach: dem der Selbstbestimmung und dem des Kompetenzerlebens. Da Schülerinnen und Schüler sich die Inhalte eines Projekts selbstgesteuert erarbeiten, erfahren sie, dass sie selbst den größten Teil zum eigenen Lerngewinn beigetragen haben und nicht der Lehrer (die Lehrerin). Das fördert ihre Selbstwirksamkeit. Im Projektunterricht wird auf der einen Seite eine hohe Selbstständigkeit von Schülern und Schülerinnen erwartet. Auf der anderen Seite sind Projekte eine gute Gelegenheit selbstständiges Erarbeiten zu erlernen. Zudem ist es wichtig, während des Projekts klare Regeln aufzustellen und klare Zeitvorgaben zu geben. Dieses sollte über den gesamten Projektzeitraum groß ausgehängt werden. Man denke an weniger strukturierte Schüler oder Schülerinnen, die dringend diese Stütze benötigen.

Während der Projektarbeit hat die Lehrkraft die Gelegenheit, lernschwächeren Schülerinnen und Schülern noch mehr Struktur an die Hand zu geben, sie zu beraten und zu coachen. Binnendifferenzierung ist im Projektunterricht strukturell angelegt, denn hier wird der Lehrer beziehungsweise die Lehrerin zum Lernberater.

Kooperatives Lernen. Ein Eckpfeiler des Projektunterrichts ist das kooperative Lernen. Damit ist nicht eine Gruppenarbeit gemeint, die vom Lehrer gesteuert für 10 min. innerhalb eines

Dreiviertelstundentakts festgelegt wird, sondern die Lernteams sollten über einen längeren Zeitraum ihre gemeinsame Arbeit steuern können, das heißt ihre Zusammenarbeit selbst organisieren, ihr Vorgehen und die Zeitfolge in der Gruppe bestimmen und zwischen Methoden wählen können. Das klingt anspruchsvoller als im lehrerzentrierten Unterricht, ist es oftmals auch. Viele Projektteams wählen einen Sprecher, einen Schriftführer und vielleicht jemand, der gut recherchieren kann. Kooperation bedeutet, dass Projektlernende ihre Handlungsziele aushandeln und auch über Inhalte intensiv kommunizieren. Alle tragen Verantwortung für den gemeinsamen Lernprozess. Wissen wird in Projekten explizit im sozialen Kontext erworben. Gruppenarbeit ist auch deshalb notwendig, weil es sich bei Projekten in der Regel um komplexe Aufgaben handelt.

Interesse geleitetes Lernen. Haben Schülerinnen und Schüler eine echte Auswahl bei den Lernwegen, den Methoden, den inhaltlichen Themen oder der Zusammensetzung ihrer Gruppe, sind sie hochmotiviert und können lernwirksamer arbeiten als im lehrergesteuerten Unterricht. Zum Themenfeld Hochmoor beispielsweise könnten sie mitentschieden, welcher Teilaspekt denn genauer bearbeitet wird. Da beim Projektunterricht unterschiedliche Perspektiven eingenommen werden, sollten Schülerinnen und Schüler auch inhaltlich die Möglichkeit haben, ihr präferiertes Thema des Gesamtprojekts zu wählen. Sie könnten zwischen den Aspekten Wasser im Hochmoor, Tiere im Hochmoor, Pflanzen im Hochmoor oder chemische Zusammensetzung von Torf wählen. In meinen Lerngruppen werden eher selten Pflanzen gewählt. Lässt sich niemand dafür begeistern, fällt dieser Teilaspekt eben weg. Wenn die Themenbereiche sich leicht überschneiden, ist es egal, ob das Torfmoos ein Teilaspekt ist oder Pflanzen im Hochmoor gewählt werden. Eine Gruppe für das Thema Tiere findet sich immer. Die Motivation der Schülerinnen und Schüler korreliert stark mit dem Interesse an den gewählten Themen. Das ist auch wichtig, denn im Projektunterricht werden hohe Anforderungen an die Aufmerksamkeitsausrichtung auf Projektziele gestellt, denn die Lernenden müssen sich über einen längeren Zeitraum selbst motivieren. Projektlernen fördert langfristig das Interesse an Naturwissenschaften.

Im Projekt Bach – Untersuchung eines Fließgewässers beispielsweise motiviert der direkte Kontakt zur Alltagswelt ganz besonders. Und wenn dann noch die Bewertung der Wasserqualität einer Behörde übergeben wird, zeigen die Lernenden, dass sie im gesellschaftlichen Kontext nachhaltig handeln können.

Organisation von Projektunterricht. Projektunterricht ist eine komplexe, daher anspruchsvolle Unterrichtsmethode. Er sollte trotz des ergebnisoffenen Charakters gut vorbereitet und organisiert werden. Die Ablaufstruktur sollte für Schüler und Schülerinnen transparent sein.

Für die Organisation von Projektunterricht wären schulinterne Strukturen wie festgelegte Projekttage oder Projekt- oder Vorhabenwochen sehr sinnvoll, denn dann können die Lernenden zusammenhängend und gemeinsam einen ganzen Schultag lang an einem Projektthema arbeiten. Und ich meine damit nicht die Projektwochen am Ende eines Schuljahres, deren Inhalte oft nichts mit dem normalen Curriculum zu tun haben und die auch nicht mehr in die Wertung für die Zeugnisse einfließen. Nein, Projektunterricht muss im Fachunterricht fest integriert sein, die *Bachuntersuchung* etwa im Ökologieunterricht, die Küchenprojekte *Sauerkraut, Hefe* und *Mikroorganismen* sind im Ernährungsunterricht angesiedelt. Das Pflanzenprojekt – etwa die Bestandsaufnahme der Vegetation auf dem Schulhof – dient dem Erwerb von Artenkenntnis.

Es gibt viele Fallstricke, Projektunterricht nicht ordentlich zu gestalten. Zeigt der Lehrer oder die Lehrerin beispielsweise eine starke Engführung, indem er oder sie ständig eingreift, verbessert und zu viel anordnet, demotiviert dies Schüler und Schülerinnen. Ein anderer Verhinderer sind zu schwierige Aufgaben für selbstständiges Planen und Durchführen von Erkenntnismethoden. Insofern wundern Sie sich nicht, wenn meine Projekt-Materialien einfache Erklärungen enthalten. Schließlich sollen Schülerinnen und Schüler zum selbstständigen Lernen befähigt werden.

Kompetenzerwerb im Projektunterricht. Projektunterricht ist in besonderem Maße geeignet den Kompetenzerwerb der Schüler und Schülerinnen zu unterstützen. Der Kompetenzbegriff beinhaltet ja das Zusammenführen von fachlichen und handelnden Fähigkeiten. So fördert die enge Verknüpfung von Handeln und Wissen im Projektunterricht die Fähigkeit Wissen sinnvoll anwenden zu können. Auch die fachspezifischen Methodenkompetenzen werden dabei erweitert. Das selbstgesteuerte Vorgehen ermöglicht den Aufbau selbstregulativer Kompetenzen. Es versetzt Schülerinnen und Schüler in die Lage, selbstständig weiter zu lernen und soll ihnen letztendlich die Fähigkeit vermitteln, lebenslang zu lernen. Auch der Erwerb von Problemlöse- und Bewertungskompetenzen ist gut in solchen Projekten verankert, in denen am Ende eine Bewertung steht, die das Für und Wider unterschiedlicher Sichtweisen abwägt.

Das individuell aufgebaute Fachwissen bleibt langfristig fest verankert. Dies ist auf verschiedene Merkmale des Projektunterrichts zurückzuführen. Erstens trägt die projekttypische Methode des erfahrungsbasierten Lernens dazu bei. Damit ist gemeint, auf Grund von Handeln Wissen zu erwerben und abzuspeichern. Zweitens führt die aktive Auseinandersetzung mit dem Lernstoff zu besonders guten Behaltensleistungen.

Drittens liefert dazu das interessegeleitete Lernen einen wichtigen Beitrag. Schüler sind von selbst gewählten Themen begeistert, aber auch durch die Möglichkeit des selbstständigeren Arbeitens in Projekten, das dem Streben nach Selbstbestimmiung entgegenkommt. Viertens hilft dem langfristigen Behalten auch das vernetzte und mehrperspektivische Vorgehen in Projekten.

Lernen an außerschulischen Orten

Der Begriff *außerschulische Lernorte* umfasst alle Standorte außerhalb des Klassenzimmers, die Lernprozesse bei Schülerinnen und Schülern anregen oder ergänzen. Es handelt sich um Orte, die vorrangig andere Funktionen als die der schulischen Bildung haben. Ich fasse auch den Schulhof darunter, denn dafür verlässt man ja den Klassenraum und schon dort mischt sich erfahrungsbasiertes und informelles Lernen unter systematisch strukturiertes. Außerschulische Lernorte sind gerade im Biologieunterricht für die unmittelbare Naturbegegnung bedeutsam, denn in der Biologie geht es um Pflanzen und Tiere, die sich bekanntlich in der Natur befinden. Solche Standorte existieren zu Hauf:

- Lernort Wald
- Lernort Boden
- Lernort Bach
- Lernort Schulhof
- Lernort Hochmoor
- Lernort Wegränder

Originale Naturbegegnung. Im Klassenraum benutzt man Abbildungen von Bäumen, Blütenpflanzen und Tieren auf Papier. An außerschulischen Lernorten hingegen machen Schüler und Schülerinnen direkte Erfahrungen mit dem Naturobjekt. Sie bestimmen beispielsweise Bäume und Sträucher oder erkunden Tiere und Pflanzen rund um die Schule. Dafür gibt es spezielle Anleitungen: *Bestimmungshilfe Bäume und Sträucher*, eduki #693729, *15 Sträucher – Schnellbestimmung*, eduki #697570; *Bestimmungshilfe – Pflanzen auf dem Schulhof*, eduki #697212. Lernende beobachten, welche Tierarten an welchen Bäumen Nahrung und Unterschlupf finden. Ohne die originale Begegnung mit der Natur erfahren sie nicht, wie die Objekte duften und schmecken, welche Geräusche sie machen und wie sie sich anfühlen. Insofern bieten außerschulische Lernorte einen anderen Zugang zum Erwerb von Wissen als der Klassenraum. Hier findet eine erfahrungsbasierte Begriffserfassung durch Interaktionen mit dem Naturobjekt statt. Das führt zu sinnlichen Verknüpfungen mit Begriffen. Im Gegensatz zur stellvertretenden Repräsentation (in Papierform) bauen Schülerinnen und Schüler eine originale Repräsentation mit vielen Facetten des Gelernten auf, die sehr langfristig im Gedächstnis haften bleibt. Darin liegt ein großer Vorteil von Lernen an einem außerschulischen Ort für den Biologieunterricht.

Sinneswahrnehmung. Der Wald beispielsweise ist ein sehr ergiebiger außerschulischer Lernort. Er bietet zahlreiche sinnliche Erfahrungen. Schüler und Schülerinnen werden zum Hören und Ertasten der Natur angeregt oder sie beobachten, welche Insekten eine bestimmte Pflanze anfliegen, oder tasten bei geschlossenen Augen. Das sind Aufgaben, die nicht im Klassenraum stattfinden können. Lernende erwerben dabei Kompetenzen im Beobachten, im Betrachten, im Untersuchen und im Bewerten sowie im nachhaltigen Handeln. Dazu ist unter Eduki das Arbeitsblatt *Natursuchspiel*, eduki #1398719, geeignet.

Motivation. Die Interaktion von Schülerinnen und Schülern mit Naturphänomenen löst ein großes Interesse aus. Das erhöht die Bereitschaft sich mit dem Thema auseinanderzusetzen. Schülern und Schülerinnen, die längst das Interesse an Biologie verloren haben und solche, denen es schwerfällt, der abstrakten, überwiegend sprachbasierten Vermittlung im Klassenraum zu folgen, profitieren vom erfahrungsbasierten Zugang zu Wissen.

Artenkenntnis. Der Erwerb von Artenkenntnis, ein zentrales Ziel von Biologieunterricht, kann nicht aus Büchern gelernt werden. Das ist eine alte Erkenntnis der Reformpädagogen, die zwischen

Buchwissen und Erfahrungswissen unterschieden. Erfahrung mit dem Naturobjekt spielt beim Aufbau von Artenkenntnis eine besondere Rolle. Eine ganze Buchseite über eine Pflanzenart wiegt nicht ein Geräusch, eine Berührung oder einen Geruch auf, über die sie wahrgenommen und nicht mehr vergessen wird (nach Dewey[4]). Angesichts der weit verbreiteten Unkenntnis von Tier- und Pflanzenarten in unserer Gesellschaft sollte dies ein wichtiges Ziel des Biologieunterrichts sein.

Unter Artenwissen versteht man nicht nur die Benennung der Art, sondern auch die Fähigkeit darüber ökologische Zusammenhänge zu erfassen und möglichst nachhaltig zu beeinflussen. Dazu sind Erfahrungsräume wie Schulhof, Schulgarten, Schulteich, Wiese, Wald oder Bach nötig. Dieses Wissen kann eigentlich nur draußen in der Natur erworben werden. Pflanzenthemen im Biologieunterricht sind bei Schülern und Schülerinnen besonders unbeliebt. Aber in der aktiven Auseinandersetzung draußen in der Natur kann man sie für Pflanzen begeistern. Dass viele Junglehrer sich kaum trauen, mit Schülern und Schülerinnen in die Natur zu gehen, liegt an ihrer Befürchtung, viele Arten selbst nicht ansprechen zu können und Unbekanntes nicht erklären zu können. Man kann jedoch gemeinsam auf die Suche nach Erkenntnis gehen: Andere Lehrer fragen oder Experten aus der Region für Exkursionen heranziehen. Fangen Sie bei der Natur rund um die Schule[5] an! Beim Untersuchen von Pflanzen entdecken Schüler und Schülerinnen oft auch Tierarten, die typischerweise an den Pflanzen leben. Ökologische Zusammenhänge werden also mitentdeckt. Sehr gut funktioniert als Aktion ein *Tag der Artenvielfalt*, der deutschlandweit regelmäßig im Juni stattfindet. Das ist ein

---

[4] Dewey, J. (1916, Nachdruck 2000). Demokratie und Erziehung. Beltz-Taschenbuch, Weinheim.
[5] Wasmann, A. (2014). Biologie begreifen: Natur rund um die Schule, AOL-Verlag, Hamburg

offizieller Tag, an dem viele Experten sich mit der Suche von Tier- und Pflanzenarten befassen und eine Bestandsaufnahme der Artenvielfalt in der Region machen. An einem solchen Tag im Juni, den es auch für Schulen gibt, geht man mit Schülerinnen und Schülern raus aus dem Klassenzimmer, vielleicht mit einer Klasse oder allen Parallelklassen einer Jahrgangsstufe, um eine Bestandsaufnahme der Natur auf dem Schulhof vorzunehmen. Am besten lädt man zusätzlich Experten aus Umweltorganisationen, aus Förstereien oder Umwelt-behörden ein, die als Ansprechpartner für Schüler und Schülerinnen zur Verfügung stehen. Ein solches Format ist auch für unsichere Junglehrer geeignet. Der organisatorische Aufwand eines *Tags der Artenvielfalt* ist nicht so groß. Man legt genügend Lupen, Becherlupen und Pinzetten aus und nimmt alle Bestimmungsbücher, die in der Schule vorhanden sind, mit nach draußen. Die Apps *Flora incognita* und *BirdNET*[6] - beide kostenlos - sind eine willkommene Hilfe, mit denen Bestimmung noch mehr Spaß macht. Eine Flipchart sollte aufgestellt werden, um die gefundenen Tier- und Pflanzennamen anzuschreiben. Dabei kann jeder Beteiligte zum Stift greifen und die von ihm gefundene Art notieren. Schüler und Schülerinnen sind sehr stolz darauf, „ihre" Art anzuschreiben. Sie fühlen sich dabei als wichtiger Teil eines Ganzen.

Ökologische Untersuchungen. Ein typischer außerschulischer Ort ist ein Bach. Dort ist es schon fast Tradition, dass Lerngruppen arbeitsteilig ein Fließgewässer untersuchen und bewerten. Schülerinnen und Schüler messen abiotische Faktoren wie Temperatur, pH-Wert und Nitrat-Werte und bestimmen Wassertiere und Pflanzen im und am Wasser. Durch dieses handlungsorientierte Lernen erfahren sie den Zusammenhang von

---

[6] Flora incognita; BirdNET

Wasserqualität und mäandrierendem Flussverlauf sowie Lebensraum und Artbestand.

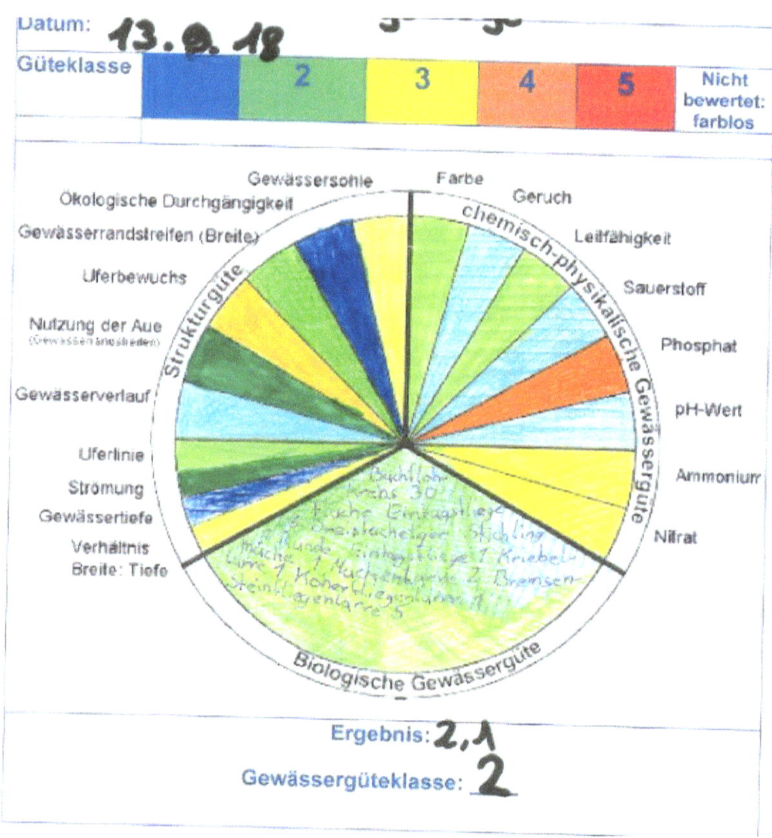

Ergebnisdarstellung der physikalisch-chemischen, der biologischen und der strukturellen Untersuchung in einem Farbkreis[7]

Die Synthese eines Projekts, an der alle Schülergruppen beteiligt sind, kommt an dieser Abbildung deutlich zum Ausdruck. Auf dem dargestellten Plakat sind die Ergebnisse der biologischen

---

[7] Gemeinsame Erstellung durch schulübergreifenden Verein *Lebendige Unterelbe*

Gewässergüte, der chemisch-physikalischen und der Strukturgüte visualisiert zusammengefasst. Außerdem ist schon eine Bewertung vorgenommen, indem die Messergebnisse auf die klassischen Gewässer-güteeinteilungen von Blau bis Rot übertragen wurden, wobei die Bewertung auf sehr vielen verschiedenen Einzelergebnissen basiert. Dieser Farbkreis zeigt die Gewässerbewertung auf einen Blick. Bis zu dieser Präsentation wurden zahlreiche Arbeitsschritte vollzogen wie Messungen, Tier- und Pflanzenbestimmung, Berechnen, Übertragungen, Zusammenführen, Bewertungsskala verstehen und Bewertungen.

Lernen an außerschulischen Lernorten ergänzt insbesondere den Ökologie-Unterricht. Ein weiteres aktuelles Beispiel ist die Arbeit im Hochmoor, bei der es auch um Klimaziele geht: *Projekt Hochmoor*, eduki #649196. Im Umgang mit der Natur bauen Schülerinnen und Schüler nachhaltige Einstellungen und Kompetenzen auf, die langfristig zu Gestaltungskompetenz in einer nachhaltigen Gesellschaft beitragen.

Gelingensbedingungen. Was sind die Gelingensbedingungen für solche biologischen Exkursionen ins Freiland? Die Unterrichtsgänge müssen natürlich gut vor- und nachbereitet werden. Der Lehrer oder die Lehrerin sollte den außerschulischen Lernort bewusst aussuchen und man sollte sich vorher die Verhältnisse vor Ort angeschaut haben. Das außerschulische Lernen sollte gut in den gesamten Lernprozess eingebettet sein. Auch für Freiland-beobachtungen sollten strukturierte Arbeitsblätter entworfen werden, mit deren Hilfe Schüler und Schülerinnen auf das anvisierte Thema fokussiert werden. Aufträge zum Sammeln von Daten und Fakten können Sie den Projektmaterialien *Boden, Bach* und *Hochmoor* entnehmen und zum Bestimmen von Pflanzen und Tieren greifen Sie auf die Bestimmungs-Materialien von Bäumen und Sträuchern, Blütenpflanzen, Tieren sowie *Meine ersten*

Pflanzenbücher zurück. Nach dem Unterrichtsgang in die Natur ist eine Auswertung im Klassenraum nützlich.

Informelles Lernen. Die Ablenkung in der Natur ist wesentlich höher als im Klassenraum. Aber dafür findet auch informelles Lernen, das heißt nicht didaktisch gesteuertes Lernen, statt. Wenn beispielsweise die chemischen Parameter des Bachs gemessen werden sollen und Lernende dabei Libellen im Paarungsrad am Gewässerrand entdecken, finden sie es ausgesprochen interessant und beobachten diese Objekte lange. Auch Kaulquappen ziehen immer wieder Beobachtungen auf sich. Eine solche Begegnung behalten die Lernenden langfristig im Gedächtnis. Ich erinnere mich an einen älteren Herrn, der mir erzählte, wie sein Biologie-Kurs einmal zum Beobachten einer Graureiher-Kolonie fuhr, wo viele Graureiher der Kolonie dabei waren, in Bäumen ihre Nester zu bauen oder auszubessern. Dieses Naturerlebnis hat sich bis ins hohe Alter in sein Gedächtnis eingebrannt.

Vielfalt außerschulischer Lernorte. Biologisch ausgerichtete außerschulische Lernorte sind ausgesprochen vielfältig. Weitere Biologie relevante Lernorte sind Zoos und Museen. In einem Tierpark stehen Verhaltensbeobachtungen und der Erwerb von Artenkenntnis im Vordergrund. Auch hier geht es um die originale Begegnung mit dem Naturobjekt. In zoologischen Museen steht oftmals das Kennenlernen von Tierarten oder deren Einbettung in die Natur an. Schülerinnen und Schüler arbeiten dabei mit strukturierten Arbeitsblättern, um die Morphologie der Tiere genau zu studieren. Ein wichtiger Aspekt in Museen ist auch die Veranschaulichung von Evolution. Häufig gibt es für Zoos und Museen pädagogische Unterstützung durch die Zooschule oder Museumspädagogen. Solche Unterrichtsgänge sind dem Lernen im Klassenraum schon ähnlicher.

Auch **Botanische Gärten** haben das Potenzial, einen Bildungsbeitrag zum Biologieunterricht zu liefern, etwa im Bereich der weltweiten pflanzlichen Biodiversität. Dort gibt es vorbereitete Führungen, Rallyes und Themen gebundene Biologiestunden, so beispielsweise über Sukkulente, Angepasstheiten an trockene Standorte und die Reduktion der Blattfläche zu Stacheln. Auch hier gilt es, die Sinneswahrnehmung an unterschiedlichsten, teils exotischen Pflanzen zu schulen.

Ich finde, dass wir Biologielehrer eine besondere Verpflichtung haben, außerschulische Lernorte für die biologische Grundbildung zu nutzen.

Gesellschaftliche Teilhabe. Biologieunterricht soll auch zu Nachhaltigkeitsbildung und zu gesellschaftlicher Teilhabe führen. Unter nachhaltiger Entwicklung versteht man, dass die Menschen, die heute leben, die Umwelt nicht weiter schädigen, sodass die Lebensgrundlage den künftigen Generationen erhalten bleibt. Gerade diese Bildungsziele erfordern außerschulische Räume. Als Beispiele seien Müllsammelaktionen, einschließlich der Thematik von Mikroplastik, die Untersuchung von Schadbildern an Bäumen, Verantwortungsübernahme für Knickpflege, Pflanzaktionen von Jungbäumen oder die Beurteilung eines Gewässerzustands genannt. Dafür bietet sich die Zusammenarbeit mit der Unteren Naturschutzbehörde, mit der Jägerschaft oder der Verwaltung des Schulorts oder Umweltverbänden an. Solche Aktionen fördern die Entwicklung von gesellschaftlicher Teilhabe im Sinne der Nachhaltigkeit.

Lernchancen. Insgesamt hat der Biologieunterricht zahlreiche Anknüpfungspunkte an außerschulische Lernorte, denn sie eröffnen Lernchancen durch die originale Begegnung mit der Natur sowie durch andere Lernkanäle als im Klassenraum. Lernen an außerschulischen Lernorten ist unglaublich motivierend und fördert so die Interessenentwicklung für biologische Themen. Außerschulisches Lernen im sozialen Kontext bietet in besonderem Maße die Möglichkeit zur gesellschaftlichen Teilhabe.

Digitales Lernen

Digitales Lernen stellt keine besondere Lehr- Lernmethode dar, sondern meint den Einsatz von digitalen Medien, um Lernprozesse zu optimieren. Dabei bedienen sich Schüler und Schülerinnen digitaler Medien, um sich mit Lernstoff auseinanderzusetzen, sei es zum Üben, um etwas zu verstehen oder um interaktiv und kreativ Lerninhalte zu verarbeiten.

Schon seit längerem wird gefordert, dass in Schulen die „Kreide-Zeit" abgelöst werde durch den Einsatz verschiedener digitaler Tools. Ein wichtiges Ziel ist es, damit aktives selbstständiges und individualisiertes Lernen zeit- und ortsunabhängig zu fördern.

Lernplattform. Mit schuleigenen Lernplattformen wird digitales Lernen wesentlich erleichtert, denn sie können vielseitig eingesetzt werden, etwa um vorbereitende Hausaufgaben hochzuladen, die Schülerinnen und Schüler zu Hause erledigen sollen. Dabei werden die Lernenden häufig an Lernvideos geführt, die sie allein in ihrem Tempo bearbeiten und ihr Wissen mit Hilfe eines begleitenden Arbeitsblatts sichern. Die Lernplattform terminiert die Abgabe der Aufgaben und ermöglicht ein anschließendes Feedback durch den Lehrer. Lernplattformen werden in Zukunft eine wichtige Drehscheibe für die digitale Lernorganisation bilden.

Konzept. Ich stelle an dieser Stelle das von mir konzipierte biologische Lernmaterial vor, mit dem Schülerinnen und Schüler in die Lage versetzt werden, zahlreiche biologische Inhalte wirklich selbsttätig und selbstgesteuert am Computer oder Tablet zu lernen. Das sind beispielsweise *Regenwurm*, eduki #273745; *Wirbeltiere ordnen zum Selbstlernen*, eduki #261809; *Pflanzen*, eduki #245367, und *Feinbau der Zelle zum Selbstlernen*, eduki #503144. Folgende Teile sind in jedem digitalen Paket enthalten:

- PowerPoint Folien zur Einführung in ein neues Thema über drei Eingangskanäle: Sprache, Bilder und Texte.
- Biologische Abbildungen, die der Schüler oder die Schülerin zunächst selbst besprechen soll.
- Begriffserklärungen auf Erklärseiten.
- Arbeitsblätter zum Bearbeiten wie im klassischen Unterricht oder an einem Tablet.
- Verlinkung der PowerPoint-Folien und Arbeitsblätter.
- Arbeitsaufträge, die den Schüler oder die Schülerin in die unmittelbare Natur führen.
- Niveaudifferenzierung.
- Lösungen der Arbeitsblätter.
- Selbstkontrolle am Ende jeder Lerneinheit.

PowerPoint-Einführung. Die Einführung in ein neues Thema wird gesprochen. Die Erklärungen sind in einfacher Sprache gehalten, aber dennoch führt die Einführung hin zur Fachsprache. Die Erklärung reduziert die Stofffülle und Komplexität und fokussiert auf Wesentliches. Der Erzähler knüpft an die Alltagsvorstellungen der Schülerinnen und Schüler an. Kurzum, die Erklärungen, die mit motivierender Stimme gesprochen werden, sind, da die Schüler allein vor einem neuen Lernstoff sitzen, einfach, klar, pointiert und altersgemäß gestaltet. Eine direkte Ansprache soll die Schülerinnen und Schüler motivieren, sich mit dem Thema auseinanderzusetzen. Die Lernenden werden explizit in den Fortlauf der thematischen Einführung einbezogen. So wird zum Beispiel eine biologische Abbildung zunächst ohne Erklärung gezeigt, damit der Schüler oder die Schülerin sie betrachten und sich selbst Gedanken machen kann. Er oder sie wird aufgefordert sein (ihr) bisheriges Wissen zu aktivieren. Hier folgt das Material den gleichen lernpsychologischen Schritten wie bei einer Einführung im Klassenunterricht. Im nächsten Schritt erhält der Lernende die biologischen

Erläuterungen aus fachwissenschaftlicher Sicht. Der Lernende kann die akustischen Erklärungen auch auf lautlos stellen, wenn er die Texte in Ruhe lesen will. Zudem hat er die Möglichkeit, die einführenden Texte immer wieder zu hören oder zu lesen. Damit drehen die Schüler und Schülerinnen selbst an der Schraube des für sie besten Lernwegs. Der Screenshot der Eingangsseite zeigt, wie in das selbstständige Lernen eingeführt wird.

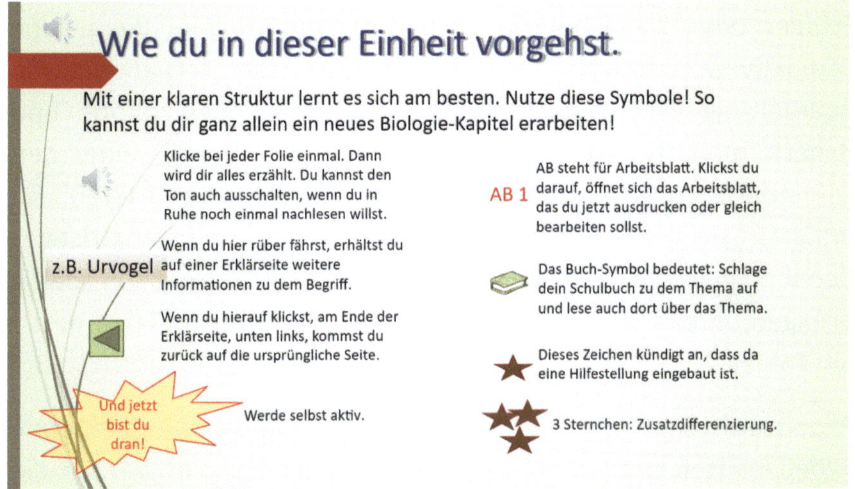

Erklärung zum selbstständigen Lernen am Beispiel des *Regenwurms*

Die Symbole zeigen den Schülern und Schülerinnen, wie das digitale Material genutzt werden kann.

Erklärseiten. Die Erklärseiten dienen der genaueren Auseinandersetzung mit einem Teilbereich des Themas. Sie wurden unter anderem eingeführt, damit der Schüler oder die Schülerin etwas selbst tun kann. So wird der Lernende in die Einführungsarbeit eingebunden. Diese Aktivität fördert nicht nur seine Wachsamkeit, sondern gliedert auch den Themenkomplex in kleinere Sinneinheiten. Manchmal sind die Erklärseiten auch nur für die Experten vorgesehen, um diese mit weitergehenden Informationen zu versorgen. Auch an dieser Stelle entscheidet der

Schüler oder die Schülerin selbst, ob bestimmte Fachbegriffe vertiefend erarbeitet werden oder nicht. Er oder sie erkennt das Niveau an der Markierung mit Sternchen.

Arbeitsblätter. Die Arbeitsblätter sind mit den PowerPoint- beziehungsweise PDF-Folien verlinkt und daher für den Lernenden leicht zu öffnen und downzuloaden. Sie tauchen in einer vorstrukturierten Lernlinie an optimaler Stelle auf, sodass der Schüler oder die Schülerin nach der Einführung in die eigene Lernaktivität eintritt. Entweder können die Lernenden die Bearbeitung sofort erledigen oder erst weitere Folien anhören und danach mehrere Arbeitsblätter bearbeiten. Nur wer aktiv den Lernstoff be- und verarbeitet, verinnerlicht die neuen Fakten und integriert sie in sein Begriffsnetz. Auf diese Weise wird langfristiges Behalten generiert. Die Bearbeitung der Arbeitsblätter kann analog erfolgen, indem sie ausgedruckt werden, oder auch digital direkt am Tablet.

Arbeitsaufträge. Es gibt auch Arbeitsaufträge, die ohne Arbeitsblätter erledigt werden können. Zum Beispiel werden die Lernenden aufgefordert, in ihr Biologie-Heft zu schreiben oder eine Seite zu einem bestimmten Tier zu gestalten. Andere Arbeitsaufträge führen den Schüler beziehungsweise die Schülerin nach draußen in die Natur. Dies ist aus biologiedidaktischer Sicht ein äußerst wichtiges Handeln, denn Wissen über Natur kann man nur lernen und schätzen, wenn man sie selbst erfährt und anfasst.

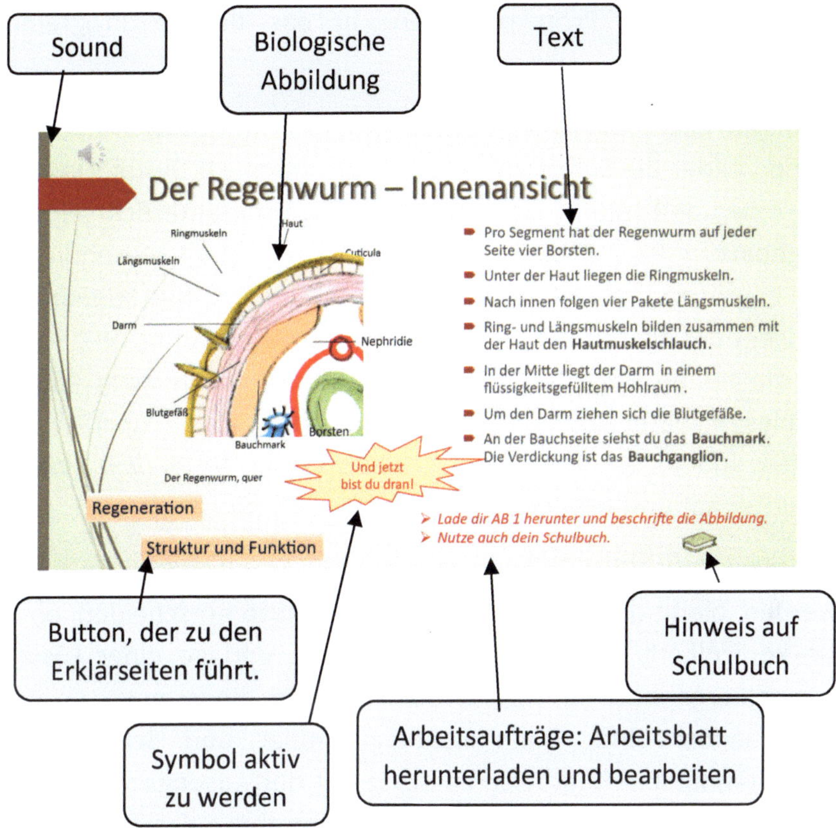

Beispielseite aus dem Material *Regenwurm*, eigenes Werk

Eine ebenso wichtige Arbeitsweise wie die Naturbeobachtung ist das Experimentieren in der Biologie. Daher werden Versuchsanleitungen zum eigenständigen Durchführen von Versuchen vorgeschlagen. Diese sind alle zu Hause mit wenigen Haushaltsgegenständen durchführbar. Sie sind sicher und dienen dem Aufbau von Verständnissen. Für diese Versuche sollen in der Regel Versuchsprotokolle angefertigt werden, welche das systematische Beobachten und Auswerten unterstützen. Sie haben einen großen Lerneffekt, wenn auf das Protokoll lehrerseits viel Wert gelegt wird. Daher sind Lernhilfen in Form von vorstrukturierten Protokollblättern in das digitale Programm eingebunden.

Lernkontrollen. Ein wesentlicher Aspekt von selbstgesteuertem Lernen bildet die Selbsteinschätzung des Lernfortschritts. Deshalb ist eine Selbstkontrolle am Ende jeder Unterrichtseinheit eingebaut. Als Zusammenfassung sind die wesentlichen Fachbegriffe auf der letzten Folienseite aufgeführt. Nun können der Schüler oder die Schülerin zunächst für sich überprüfen, ob er oder sie die neuen Begriffe kennt oder vielleicht doch noch einmal nachlesen sollte. Abschließend kann er oder sie sein (ihr) Wissen testen, indem er oder sie die Lernkontrolle *Teste dein Wissen* herunterlädt und ausfüllt.

Lösungen. Wie und wann die Lösungen der Arbeitsblätter freigegen werden, bleibt dem Lehrer überlassen. Er kann entscheiden, ob er sie kontrolliert, ob Schüler sie selbst bei Vorlage einer Lösung kontrollieren und ob sie für Schüler nach einer gewissen Zeit downloadbar sind. Dann können Schüler und Schülerinnen eigenständig ihre bearbeiteten Texte mit den Lösungsvorschlägen abgleichen. Oder sie sind per QR-Code abrufbar oder werden von der Schullernplattform nach einer gewissen Zeit freigeschaltet, wo die Lernenden sie ansehen oder herunterladen können.

Inhalte. Jede der hier vorgestellten Unterrichtseinheiten deckt das jeweilige Biologie-Thema curricular ab. Nehmen wir als Beispiel den Aufbau einer Pflanze. Dabei ist es egal, an welcher Pflanze der Zusammenhang von Struktur und Funktion eingeführt wird. Auf das Verständnis der Fachbegriffe Wurzel, Blatt, Blüte, Sprossachse u.s.w. kommt es an. Falls im Schulbuch an einer anderen Pflanze die Begriffe erklärt werden, stellt die Nutzung des Schulbuchs noch einmal eine weitere Festigung dar. Das gleiche kann an der Einführung eines Säugetiers durchdekliniert werden. Es ist müßig, ob an einem Hund, einer Katze oder vielleicht an einer Giraffe die typischen Kennzeichen eines Säugetieres eingeführt werden. Sind im Schulbuch andere Tiere ausführlich dargestellt, so erweitert dies die Auseinandersetzung mit dem Biologiethema. Selbst wenn ein Schüler zu Hause im Homeschooling sich ein Kapitel selbst erarbeitet, ist es unerheblich, ob er dies an den gleichen Tier- oder Pflanzenarten macht wie seine Klassenkameraden. Das Wesentliche des selbstgesteuerten Lernens ist, die Fachbegriffe und biologischen Zusammenhänge zu verstehen, egal an welchem Beispiel.

Die Fachanforderungen einschließlich der Kompetenzziele sind in den digitalen Unterrichtseinheiten in vollem Umfang berücksichtigt. Dabei sind die curricular vereinbarten Themengebiete die inhaltliche Basis. Operatoren werden durchgehend verwendet und die Basiskonzepte der Biologie sind eingebunden. Der Lehrer oder die Lehrerin kann dann entscheiden, ob er oder sie noch Schwerpunkte und zusätzliche Differenzierungen setzen will. Es bietet sich an, das Schulbuch ergänzend zu benutzen. Vielfach sind in den digitalen Materialien Hinweise darauf, das Schulbuch zu benutzen.

Vielfältige Einsatzmöglichkeiten. *Biologie digital lernen* stellt Material für viele verschiedene auf Selbständigkeit ausgerichtete Lernformen bereit. Seine Eignung für selbstgesteuertes Lernen erweist sich in so verschiedenen Lernansätzen wie Freiarbeit oder Tablet-Klassen sowie beim Distanz- und Hybridlernen. Auch die individualisierte Aneignung neuen Wissens kann durch das digitale Lernmaterial umgesetzt werden, so in kooperativen Lerngemeinschaften.

Freiarbeitsstunden. Viele Schulen haben Freiarbeitsphasen – oder auch Selbstlernzeiten – als Ergänzung zum regulären Unterricht eingeführt, gerade um das eigenständige Lernen als Vorbereitung auf lebenslanges Lernen zu entwickeln. In diesen Stunden kann das digitale Lernpaket sehr gewinnbringend eingesetzt werden. Es kann den Schülern an ihrem Tablet oder im Computerraum zur Verfügung gestellt werden.

Tablet-Klassen. Zahlreiche Schulen haben Tablet-Klassen eingerichtet. Das Lernen in diesen Klassen soll selbstständiger werden. Dazu müssen die Themen aber anders als im herkömmlichen Unterricht dargeboten werden. Mit Hilfe des Materials *Biologie digital lernen* kann in Tablet-Klassen mehr Eigenständigkeit in die Erarbeitung von Lernstoff gebracht werden. Die dazugehörigen Arbeitsblätter sind gleich parat, um am Tablet bearbeitet zu werden. Da in Tablet-Klassen in der Regel alle Schulbücher digital auf dem Tablet gespeichert sind, kann die Einheit Schulbuch, PowerPoint-Folien und Arbeitsblätter noch direkter zusammengeführt und das Schulbuch noch intensiver genutzt werden. Mit dem Material *Biologie digital lernen* greift ein wirklich neuer didaktischer Ansatz.

Distanzlernen. Die Corona-Zeit hat Druck aufgebaut, digitalen Unterricht weiter voranzubringen. Vielerorts, auch von den Bildungsministerien, werden neue Konzepte zu Homeschooling, Distanzlernen, Digitalisierung des Unterrichts und Blended Learning[8] gefordert. Es ist zu erwarten, dass es in Schulen verpflichtend wird, digitales Material für das Distanzlernen bereitzustellen.

Digitales Material, zum Beispiel eine Präsentation per PowerPoint, Lernvideos, digitale Übungen oder Rätsel und Naturfilme, ermöglicht dem Schüler auch im häuslichen Rahmen oder in einem ruhigen Raum in der Schule eigenständig zu lernen. Die hier vorgestellten Materialien decken Lehrplanvorgaben und

---

[8] Unter blended learning versteht man alle Lernformen, die durch elektronische und digitale Medien unterstützt werden.

Kompetenzanforderungen ab. Auch wenn einzelne Schüler länger krank sind, bietet das digitale Material die Möglichkeit des selbstständigen Wiederholens und Kompetenzerwerbs.

Blended Learning. Beim Blended Learning werden die beiden unterschiedlichen Lernformen Präsenzunterricht und E-Learning so verzahnt und zu einer Einheit zusammengeführt, dass die Vorteile der jeweiligen Lernform genutzt und die Nachteile der jeweils anderen Lernform kompensiert werden. **Flipped Classroom** ist eine Blended Learning Methode. Darunter versteht man die Umdrehung der Lernfolge und der Lernorte. Normalerweise erfolgt die Einführung in ein neues Thema im Klassenraum, gesteuert von der Lehrkraft. Das Gelernte wird in der Regel zu Hause nachbereitet, eine Anwendung wird erprobt. Im Flipped Classroom wird die Reihenfolge umgedreht. Die Lernenden bereiten sich zuerst in einer Hausaufgabe oder in Selbstlernzeiten individuell und selbstständig mit Hilfe von digitalen Lernmedien vor. Im anschließenden Klassenunterricht wird das neu erarbeitete Wissen gemeinsam angewendet, diskutiert und vertieft. So wird mehr Zeit für gemeinsame Aktionen oder Problemlösungen im gemeinsamen Klassenunterricht gewonnen.

Hybrid-Lernen. Beim Hybridunterricht wird die Hälfte der Klasse im Klassenraum unterrichtet, die andere Hälfte bearbeitet den Lernstoff zu Hause. Eine Binnendifferenzierung kann dabei innerhalb der Lerngruppe erfolgen, indem eine digital lernende Teilgruppe und eine im Klassenraum lernende gebildet werden. Insofern ist das digitale Material gut in heterogenen Lerngruppen einsetzbar oder wenn Klassen geteilt werden müssen (z.B. wegen des Hygienekonzepts der Schulen).

Interaktives Üben. In der Biologie gibt es weit mehr Fachbegriffe als in vielen anderen Fächern. Es sollen über 30.000 sein. So wird im Biologieunterricht viel Zeit auf die Einfühung von Fachbegriffen verwendet. Das beginnt mit der Benennung von Körperteilen, Organen und geht über zellulären Aufbau hin zu Osmose- und Diffusionsvorgängen sowie in der Ökologie zur Benennung der Begriffe einer Biozönose und der Begrifflichkeit für die Allensche und Bergmannsche Regel und so weiter. Damit Schüler und Schülerinnen sich klar mit Fachbegriffen ausdrücken, ist es gut, wenn sie diese wie Vokabeln lernten.

Um Fachbegriffe zu üben, gibt es inzwischen zahlreiche interaktive Lernmöglichkeiten. Das sind kleine digitale Bausteine, mit denen Lernende Inhalte einüben und ihren Wissensstand selbst überprüfen können. Diese interaktiven Online-Übungen setzen sich aus sehr verschiedenen Übungsformaten zusammen. So können die Bestanteile von Zellen mit Rätseln, als Memory oder als Lückentext gelernt werden oder Schüler beschriften den Feinbau der Zelle oder eines Einzellers, indem sie auf eine biologische Struktur klicken und diese richtig benennen. Das Programm zeigt unmittelbar an, ob es korrekt ist oder nicht.

Anhand der direkten Rückmeldungen können die Schülerinnen und Schüler ohne Druck üben. Sie wiederholen so lange, bis sie die Begriffe wirklich beherrschen. Sie arbeiten also in ihrem eigenen Tempo und sind zudem motivierter als beim Ausfüllen von Lückentexten oder Beschriftungen per paper. Mit einem interaktiven Zugang über das Tablet oder den Computer werden sie motiviert die Begriffe neu zu lernen, zu wiederholen und zu festigen. Sie können selbst am Handy üben. Als Lehrer muss man oft nur einen QR-Code angeben und die Lernenden finden auf die interaktive Übungsseite. Werden die Schüler und Schülerinnen dazu angeleitet auf diese Weise zu üben, bleibt mehr Zeit im Klassenraum für eine Zusammenführung von Einzelwissen und für Diskussionen. Hier sind zwei Beispiele interaktiver Übungen zum Scannen, die ich unter learningapps.org für den Anwender kostenfrei erstellt habe:

Blatt: Zellaufbau:

Solche interaktiven Übungen können Schülerinnen und Schüler zum Üben motivieren. Zudem stellen sie unmittelbare Rückmeldungen bereit und vereinfachen die Selbstkontrolle. Sie können sowohl im Distanz- als auch im Präsenzunterricht eingesetzt werden. Wie schön wäre es, wenn jeder Schüler oder jede Schülerin solch ein Übungsmaterial für die gesamte Biologie zur Verfügung hätte, beispielsweise auf einer Lernplattform der Schule hinterlegt. Dann würden spielend biologische Fachbegriffe verinnerlicht werden.

Weitere von mir erstellte interaktive Übungen unter learningapps.org betreffen Pflanzenbegriffe.

Blüte

Aufbau eines Samens

Keimung

Individualisiertes Lernen

Heterogenität im Klassenraum. In der Schule existieren nach wie vor überwiegend gleichaltrige Schulklassen, die gleichgerichtet lernen sollen. Man weiß jedoch längst, dass die Entwicklungsgeschwindigkeit der Kinder und Jugendlichen auseinanderklafft. Die einen lernen schneller und tiefergehend. Die anderen benötigen viel Unterstützung, um in Ruhe und mit viel Zeit Lernstoff zu verarbeiten. Daher ist die Heterogenität der Lernenden groß. Im Grunde gibt es so viele Lerntypen, wie es Schüler gibt. Ihre Verschiedenheit lässt sich nach verschiedenen Dimensionen einteilen, so etwa nach der Lerngeschwindigkeit, dem Alter, dem Entwicklungsstand, der sozialen Herkunft, dem Geschlecht, dem finanziellen Rahmen der Eltern oder der kulturellen Herkunft, um nur einige zu nennen. Die Heterogenität nimmt aus verschiedenen Gründen zu. Darauf reagieren die Schulgesetze einiger Bundesländer. So besteht für die Gemeinschaftsschulen in Schleswig-Holstein eine Verpflichtung zu **individualisiertem Lernen.** Die Unterrichtsgestaltung soll sich an den Lernvoraussetzungen der Schülerinnen und Schüler orientieren. Aber es ist nicht immer einfach, alle Schüler und Schülerinnen einer Klasse mit dem für sie passenden Lernmaterial zu versorgen. Meist ist es für die einen zu anspruchsvoll, für die anderen zu leicht. Nur eine Minderheit – die sogenannten „Mittelköpfe", wie diese seit über 100 Jahren bezeichnet werden - kann dem Unterricht exakt folgen. Was ist zu tun, um alle Schülerinnen und Schüler gleichermaßen zum aktiven Lernen zu bringen?

Binnendifferenzierung. Natürlich muss differenziert werden. Manchmal kann man für eine kleinere Gruppe gezielt Lernmaterial erstellen oder mit einzelnen Schülern oder Schülerinnen extra arbeiten. In dem Fall müssen die anderen Selbstlernmaterial erhalten. Individualisierung ermöglicht Lernen im eigenen Tempo.

Dazu bietet digitales Lernmaterial wie die Regenwurm-Einheit verschiedene Möglichkeiten. Es eignet sich dazu, in solchen Lernsituationen die anderen Schüler und Schülerinnen eigenständig lernen zu lassen. Ebenso bietet sich das digitale Material zum Selbstlernen für Wiederholungen bei einzelnen Schülern an, etwa wenn diese im Unterricht nicht mitgekommen sind oder längere Zeit krank waren. Für eine Differenzierung nach oben können zusätzliche Materialien ausgegeben werden wie beispielsweise die beiden Selbstlerneinheiten zur Gentechnik. Wenn Begabte diese Themen selbst erarbeitet haben, können sie darüber zusammenfassend ihren Klassenkameraden einen Vortrag halten.

Die nachfolgende Abbildung stellt einige Wege der Binnendifferenzierung zusammenfassend dar:

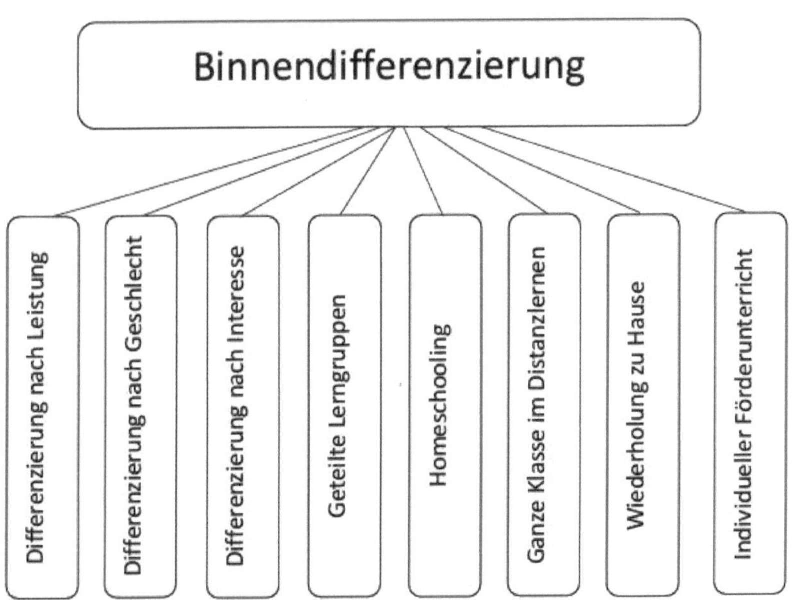

Möglichkeiten der Differenzierung

Jeder Schüler kann mit dem digitalen Material zum Selbstlernen in seinem Tempo zu Hause oder am Schulcomputer lernen. Er kann viele Lernschleifen drehen, Text und Bild immer wieder durchgehen, damit etwas hängenbleibt. Eine weitere Differenzierung ist angelegt, wenn Hilfsdateien abrufbar sind, die genutzt werden können oder auch nicht. Eine Erleichterung für individualisiertes Lernen mit Hilfe des digitalen Materials besteht darin, dass Schüler und Schülerinnen zuhören und gleichzeitig lesen können. Das entzerrt die Hürden, die durch mangelnde Lesekompetenz alle Fächer betreffen. Damit können schwache Leser einmal entlastet werden. Lernschwache benötigen mehr Struktur, um eigenständig lernen zu können. Dafür sind die Hilfsdateien mit Wortbanken oder vorstrukturierten Arbeitsblättern vorgesehen. Im anderen Lernmaterialien befinden sich Hilfsdateien für die Präsentation. Leistungsstarke Schüler und Schülerinnen hingegen sind motivierter, wenn sie frei gestalten können.

Eine Differenzierung für Leistungsstarke erfolgt, indem einige Extra-Seiten für die Experten unter den Schülern vorgesehen sind, so zum Beispiel im Eduki-Material *Fische*, eduki #261798, über den Quastenflosser und den Schlammspringer. Diese Tierarten werden normalerweise nicht in sechsten Klassen unterrichtet, aber leistungsstarke Schüler und Schülerinnen interessieren sich für besondere Tiere. Oder weiterführende Fachbegriffe sind extra für die gut Lernenden auf Erklärseiten eingeflossen. So werden zusätzlich Fachbegriffe wie Albedo, FCKW und Stickoxide, die nicht jeder Mittelstufenschüler lernen muss, dargestellt. Das ist der Fall im Material *Klimawandel zum Selbstlernen,* eduki #924418. Binnendifferenzierung ist also im digitalen Material implizit angelegt.

Individualisierte Unterstützung. In Selbstlernprozessen steuert der Lehrer oder die Lehrerin die Unterrichtsvorgänge in wesentlich geringerem Maße als im lehrerzentrierten Unterricht. Stattdessen nimmt die Lehrkraft die Rolle eines Lernbegleiters ein, indem sie zuhört, bei Formulierungen hilft oder Impulse für Erklärungen gibt. Ein großer Vorteil dieser Unterrichtsform besteht darin, dass die Lehrkraft individuell auf einzelne Schüler und Schülerinnen eingehen kann. Sie kann ein Feedback geben und individuell eingreifen. Das hilft besonders Lernschwachen. In einer ruhigeren Atmosphäre kann die Lehrkraft ihre Schüler beobachten und einzelne gezielt fördern, während das Gros der Klasse den Lernstoff in seinem eigenen Tempo durcharbeitet. Während der Selbstlernzeit kann sie sich Zeit nehmen, die Lernfortschritte ihrer Schüler und Schülerinnen zu beobachten und zu beurteilen.

Literaturverzeichnis

Deci, L. E. and R. M. Ryan (1993). "Die Selbstbestimmungstheorie der Motivation und ihre Bedeutung für die Pädagogik." Zeitschrift für Pädagogik **39**(2): 223–238.

Dewey, J. (1916, Nachdruck 2000). Demokratie und Erziehung. Beltz-Taschenbuch, Weinheim, Basel.

Emer, W. und Lenzen, K.-D., Eds. (2005). Projektunterricht gestalten - Schule verändern. Unterrichtskonzepte und -techniken Hohengehren, Schneider Verlag.

Frey, K. (1973). Zum Begriff "Integriertes Curriculum Naturwissenschaft". Integriertes Curriculum in der Naturwissenschaft der Sekundarstufe I: Theoretiche Grundlagen und Ansätze, Kiel, Beltz Verlag Weinheim.

Gudjons, H. (2014). Handlungsorientiert lehren und lernen. Verlag Julius Klinkhardt, Bad Heilbronn.

Högermann, C. und Kricke, W. (2015). Modelle für den Biologieunterricht. Aulis Verlag.

Messmer, K., et al. (2011). Außerschulische Lernorte – Positionen aus Geographie, Geschichte und Naturwissenschaften. LIT-Verlag, Münster.

Neber, H. (1981): Entdeckendes Lernen, Weinheim: Beltz.

Staeck, L., (2010). Zeitgemäßer Biologieunterricht. Hohengehren, Schneider-Verlag.

Trautmann, M., Wischer, B. (2011). Heterogenität in der Schule. Eine kritische Einführung. VS Verlag für Sozialwissenschaften, Wiesbaden.

Von der Groeben, U. (2008). Besser lernen. Verschiedenheit nutzen, Cornelsen Scriptor.

Wasmann, A. (2014). Projektdidaktik für den naturwissenschaftlichen Unterricht, Hohengehren, Schneider Verlag.

Wasmann, A. (2014). Biologie begreifen: Natur rund um die Schule, AOL-Verlag, Hamburg.

Wasmann-Frahm, A. (2008). Lernwirksamkeit von Projektunterricht. Baltmannsweiler: Hohengehren, Schneider-Verlag.

Wasmann-Frahm, A. (2009). Kompetenzentwicklung durch Projektunterricht. In: *Unterrichtswissenschaft* 37 (1), S. 77–96.

Wasmann-Frahm, A. (2005). Vergleichen und Ordnen von Tieren. Wirbeltiere im Zusammenhang unterrichten. In: *Praxis der Naturwissenschaften, Biologie in der Schule* 54 (1), S. 30–38.

Webseiten und Apps

https:www.eduki.com

https://miro.com/de/signup/

https://mind-map-online.de/

www.gefahrstoffe-schule-bw.de

BirdNET

Flora incognita

Interaktive Interseiten, erstellt von Astrid Wasmann:

https://learningapps.org/watch?v=p5xxsqxda22

https://learningapps.org/watch?v=py7ki5rit22

Impressum

S. 78: Bodenbild von Svenja Frahm

Alle anderen Abbildungen stammen von der Autorin.